澜沧江－湄公河次区域防灾减灾机制与区域合作

吕爱锋 著

U0343471

黄河水利出版社

·郑州·

图书在版编目(CIP)数据

澜沧江－湄公河次区域防灾减灾机制与区域合作/吕爱锋著.—郑州:黄河水利出版社,2020.7
ISBN 978－7－5509－2787－2

Ⅰ.①澜…　Ⅱ.①吕…　Ⅲ.①澜沧江－流域－灾害防治－国际合作－研究 ②湄公河－流域－灾害防治－国际合作－研究　Ⅳ.①X4

中国版本图书馆 CIP 数据核字(2020)第 157123 号

出　版　社:黄河水利出版社　　　　　　　　　网址:www.yrcp.com
　　　　　地址:河南省郑州市顺河路黄委会综合楼 14 层　邮政编码:450003
发行单位:黄河水利出版社
　　　　　发行部电话:0371－66026940、66020550、66028024、66022620(传真)
　　　　　E-mail:hhslcbs@ 126. com
承印单位:虎彩印艺股份有限公司
开本:890 mm×1 240 mm　1/32
印张:3.25
字数:82 千字
版次:2020 年 7 月第 1 版　　　　　　　　印次:2020 年 7 月第 1 次印刷
　　定价:35.00 元

前　言

　　湄公河流域是全球自然灾害最频繁、损失最严重的地区之一。知名智库"德国监测"发表的《2014全球气候风险指数》报告显示，在全球最受气候影响的10个国家中，有3个国家处在澜沧江－湄公河次区域，即缅甸、越南和泰国。2015—2016年，越南和柬埔寨经历了历史最强厄尔尼诺事件，遭遇百年大旱，湄公河的水位落到1926年以来的最低水平。2015年7月，进入雨季的东南亚又大量降雨，在缅甸、越南等国引发了洪灾。缅甸和越南等国相对脆弱的基础设施和减灾体系建设，也客观上进一步加大了自然灾害造成的生命和财产损失。

　　为了应对自然灾害的影响，澜沧江－湄公河流域的中国、越南、泰国、老挝、缅甸、柬埔寨等国均积极采取了一系列措施完善灾害管理机制、提升灾害管理能力，具体包括出台一系列相关法律和规划进行顶层设计，同时积极加强组织建设，提升政府机构的减灾、备灾、应灾能力，加强各组织部门以及国际机构的协调沟通，积极提升基层社区的灾害应对意识和能力，组织相关教育和培训提升民众和组织的备灾、应灾意识和能力，建立灾害预警体系等。

　　2005年1月，联合国在世界减灾大会通过的《2005—2015年兵库行动纲领：加强国家和社区的抗灾能力》（简称《兵库行动纲领》）中确立了协调人道主义救灾援助、交流研究结果与经验教训、转让减灾知识与技术、促进减灾框架与气候框架挂钩等重点领域，为2005—2015年全球减灾工作确立了战略目标和5

个行动重点。这些重点分别是：①确保减灾成为各国政府和地方政府部门工作重心之一；②识别、评估和监测灾害风险，增强早期预警能力；③利用知识、创新和教育在各级机构中培养安全和抗灾意识，在各个层面上营造注重安全和抗灾的文化；④减少潜在的灾害危险因素；⑤增强准备能力，确保对灾害做出有效反应。《兵库宣言》和《兵库行动框架》强调必须在一切层面，包括从个人到国际一级，培养防灾抗灾的氛围，并推动制定与之相关的、属于必要投资性质的灾前战略，通过降低社会的脆弱度缓解各种危害带来的苦难。必须进一步加强国家和社区的抗灾能力，建立以人为本的预警系统，开展风险评估、教育和采取其他主动积极的、综合全面的、顾及多种危害和吸收多部门参与的活动，减少未来的风险和降低脆弱度。近十年来湄公河流域国家的灾害管理体系建设基本都是建立在《兵库行动纲领》的基础上的，因此流域各国的灾害管理体制和措施都有着较为类似的内容和方向，也基本和《兵库行动纲领》的主要内容和方向一致。

　　由于湄公河流域的多个国家经济发展水平较低，在提升灾害管理能力方面面临着资源的严重紧缺和不足，因此流域相关各国也都积极进行区域和国际合作，联合国、世界银行、美国、日本、中国等诸多国家和组织也都积极参与了流域各国的减灾合作。合作项目既包括协助推动基层社区灾害管理能力提升、预警体系的合作支持、灾害管理相关教育和培训等非工程方面的内容，也包括相关基础设施建设等工程方面的内容。

　　尽管流域相关国家在防灾减灾机制建设和能力准备方面做了大量努力，但防灾减灾能力严重不足仍然是该地区非传统安全领域面临的主要威胁之一。因此，我国在湄公河流域的减灾合作方面还有很大的空间。在合作方式上，要加强社会多方面的合作，既包括政府层面的合作，也包括民间层面的合作；在合作内容上，除了传统上的工程项目，也积极加大教育培训、技术支持、基层社区管理等非工程项目上的；在融资合作上，积极开拓新的融资途径，减轻政府财政压力，如争取其他国家的援助，利用众筹、众包分担资金压力，与有实力、具发展眼光的企业合作等。

作　者
2019 年 11 月

目　录

1 区域概况

1.1 受灾概况

湄公河发源于中国青藏高原,在中国境内被称为澜沧江,出境后始称为湄公河。澜沧江-湄公河是东南亚第一长河,有"东方多瑙河"的美誉,先后流经缅甸、老挝、泰国、柬埔寨、越南,最后注入南海。

受全球气候变化影响,东南亚地区极端洪旱灾害呈现频发与并发趋势,洪涝灾害仍是这一地区经济社会可持续发展的重大威胁。湄公河流域国家饱受水患困扰,经常受到台风袭击,尤其在山区,人们常因为山洪暴发而失去家园甚至生命。湄公河沿岸聚集着巨大的人口数量和经济数量,在气候变化的背景下,近年来洪灾不断。

2000—2010年间,全球造成死亡人数最多的前两大灾害事件均发生在该地区,一是2004年发生的印度洋海啸,导致了近23万人丧生;二是2008年突袭缅甸的纳尔吉斯强热带风暴,造成了近14万人死亡。

2004年12月26日发生的地震及大海啸,波及印度尼西亚、泰国、缅甸、马来西亚、孟加拉国、印度、斯里兰卡、马尔代夫、索马里、塞舌尔、肯尼亚等东南亚、南亚和东非十多个国家,造成了重大人员伤亡和财产损失。此次地震是近40年来发生的全世界最强烈的地震之一,地震引发的海啸也是印度洋有史以来最为严重的一次。海啸灾难共造成约23万人死亡或失踪,其中包括数千名外国游客，经济损失超过 100 亿美元。

2014 年，知名智库"德国监测"（German Watch）发表的《2014 全球气候风险指数》指出，在全球最受气候影响的 10 个国家中，8 个都是低收入国家或中低收入国家；从地区分布来看，有 3 个国家，即缅甸、越南和泰国，都处于湄公河流域。由此可见，湄公河流域可能是世界上气候风险指数最高的地区。

1.2　区域合作情况

由于湄公河流域的多个国家经济发展水平较低，在提升灾害管理能力方面面临着资源的严重紧缺和不足，因此区域合作和国际合作是流域各国防灾减灾的重要内容。

为了实现联合防洪的愿望，湄公河流域国家很早就开始尝试建立区域合作机制。1947 年，联合国设立了亚洲和远东经济委员会（简称经委会），负责帮助其所属区域内的国家开展战后重建工作，老挝、柬埔寨、泰国、越南相继加入经委会。因为湄公河经常泛滥，对下游四国造成了巨大的损失，所以防治洪灾便成了经委会下设机构——防灾控制局的首要目标和任务。

1957 年，为了进一步促进、推动、协调、监督下湄公河水资源开发项目的规划和调查，老挝、泰国、柬埔寨和越南签署《湄公宪章》并组成"下湄公河流域调查协调委员会"。

1995 年，泰国、老挝、柬埔寨和越南四国签署《湄公河流域发展合作协定》，决定成立湄公河委员会，重点在湄公河流域综合开发利用、水资源保护、防灾减灾、航运安全等领域开展合作。1996 年中国和缅甸成为湄公河委员会对话伙伴。

2007 年，柬埔寨、老挝、缅甸、泰国和越南等国家与日本启动"湄公河－日本合作框架"，并于 2009 年召开首届峰会并发表《东京宣言》。这是为湄公河－日本合作打下基础的文件，集中于发展硬件和软件基础设施、促进经济可持续发展、缩小发展差距、保护环境、应对疾病和自然灾害等挑战，同时密切湄公河流域国家与日本的交流。

2016 年，柬埔寨、中国、老挝、缅甸、泰国和越南等六国举行了"澜沧江－湄公河合作"首次领导人会议，并共同通过了《澜沧江－湄公河合作首次领导人会议三亚宣言——打造面向和平与繁荣的澜湄国家命运共同体》。"澜沧江－湄公河合作"将互联互通、产能、跨境经济、水资源和农业减贫合作作为初期五个优先合作领域，并约定加强应对恐怖主义、跨国犯罪、自然灾害等非传统安全威胁的合作，共同应对气候变化，开展人道主义援助，确保粮食、水和能源安全。

2 澜沧江 – 湄公河流域六国灾害管理体制机制研究

2.1 中 国

中国是世界上自然灾害最严重的少数几个国家之一。中国的自然灾害种类多，发生频率高，灾情严重。中国自然灾害的形成深受自然环境与人类活动的影响，有明显的南北不同和东西分异。广大的东部季风区自然灾害频发，是灾情比较严重的地区；华北、西南和东南沿海是自然灾害多发区。

中国幅员辽阔，地理气候条件复杂，自然灾害种类多且发生频繁，除现代火山活动导致的灾害外，几乎所有的自然灾害，如水灾、旱灾、地震、台风、风雹、雪灾、山体滑坡、泥石流、病虫害、森林火灾等，每年都有发生。自然灾害表现出种类多、区域性特征明显、季节性和阶段性特征突出、灾害共生性和伴生性显著等特点。

2016 年，中国各类自然灾害共造成近 1.9 亿人次受灾，1 432 人因灾死亡，274 人失踪。同时，灾害造成 52.1 万间房屋倒塌，334 万间房屋不同程度损坏，农作物受灾面积 2 622 万 hm^2，其中绝收 290 万 hm^2，直接经济损失 5 033 亿元人民币。针对全年自然灾害，国家减灾委、民政部共启动 5 次国家救灾应急响应，21 次国家Ⅳ级救灾应急响应，累计向灾区紧急调拨 4.1 万顶帐篷、16.6 万床（件）衣被，下拨 79.06 亿元人民币的中央自然灾害生活补助资金。

2.1.1 相关体制机制建设

2.1.1.1 法律法规、预案和规划

（1）坚持依法行政和规范管理。

主要体现在贯彻落实《中华人民共和国突发事件应对法》和自然灾害救助、抗旱、地质灾害防治、气象灾害防御、森林防火、野生动物疫源疾病监测防控等法律法规上。

（2）进一步完善灾害管理法律体系。

修订《中华人民共和国防洪法》《中华人民共和国海洋环境保护法》《中华人民共和国环境保护法》《中华人民共和国安全生产法》等法律。

（3）不断提升预案的实用性和可操作性。

贯彻落实和修订《国家突发公共事件总体应急预案》和灾害救助、防汛抗旱、地震应急、突发地质灾害、森林火灾、农业、渔业、动物疫情、草原火灾虫灾、海洋灾害、环境事件、市场供应、公路交通等应急预案。

（4）颁布实施《国家综合防灾减灾规划（2011—2015 年)》。

明确国家综合防灾减灾工作的战略目标、主要任务和重大项目。

（5）制定实施防灾减灾科技、防灾减灾人才、人工影响天气、抗旱、地质灾害防治、城乡建设、森林防火、林业有害生物防治等专项发展规划。

2.1.1.2 体制方面

（1）统一领导、分工负责、社会参与、分级管理、属地为主的灾害管理体制进一步健全。

（2）地方防灾减灾救灾综合协调机构设置不断完善，抢险救援、恢复重建等主体责任进一步落实。现已有 27 个省（自治区、直辖市)、90%以上的市、82%以上的县成立了减灾委员会

或综合减灾协调机构。

(3)跨部门、跨区域协同应对灾害以及军地合作防灾减灾救灾的能力不断增强。

2.1.1.3 机制方面

1.应急联动机制

根据自然灾害不同危害程度，中央和地方、军队和地方、同级不同部门之间的救灾应急联动机制不断完善，并高效运转。

2.资金保障机制

"十二五"时期，财政部累计安排中央各类防灾减灾救灾资金233.97亿元。

3.救灾物资储备机制

"中央—省—市—县"四级救灾物资储备体系基本建立。全国设立19个中央救灾物资储备库，储备救灾帐篷、救灾被服和救灾装具等3大类17个品种。

4.恢复重建机制

确立了中央统筹指导、地方作为主体、群众广泛参与的灾后重建工作新机制。

2.1.2 能力建设

中国采取多种措施，着力加强工程防御、监测预警、科技支撑、防灾减灾人才队伍和基层综合防灾减灾能力建设，自然灾害综合防御水平不断提升。

2.1.2.1 自然灾害工程防御能力建设

加大对防汛抗旱、防震抗震、防风防潮、防沙治沙和生态建设等防灾减灾重点工程设施的投入，增强各地综合防灾减灾能力。

2.1.2.2 自然灾害监测预警能力建设

进一步加强自然灾害立体监测体系建设，完善各类自然灾害监测预警预报和信息发布机制，增加监测站网密度，不断优化监测布局，灾害监测预警水平进一步提高。

2.1.2.3 防灾减灾科技支撑能力建设

中国注重发挥科技在防灾减灾中的重要作用，制定《国家防灾减灾科技发展"十二五"专项规划》，搭建科研平台，推进灾害研究，加强科技成果转化和应用，不断提升防灾减灾科技支撑能力。

2.1.2.4 防灾减灾人才队伍建设

将防灾减灾人才队伍建设纳入国家人才队伍建设发展规划，鼓励防灾减灾人才队伍健康发展。

2.1.2.5 基层综合防灾减灾能力建设

"十二五"期间，国家加强城乡基层综合防灾减灾工作，结合新农村建设、灾后重建和扶贫工作等，大力推进区域和城乡综合防灾减灾能力建设，基层综合防灾减灾能力逐步提高。

2.1.3 社会参与与舆论宣传

中国政府高度重视和支持社会力量参与防灾减灾救灾工作，推动建立健全灾害保险制度，大力开展防灾减灾宣传活动，社会公众参与防灾减灾救灾的深度、广度和力度不断增加。

2.1.3.1 政府主导型社会工作介入灾区模式

在应对一系列特重大自然灾害和突发公共事件的过程中，社会组织、志愿者、社会工作者奔赴灾区，从事现场搜救、就地救援、医疗救护、卫生防疫、心理抚慰、物资配送等志愿服务，与政府功能互补的优势更加突出，初步形成了政府主导、多方参与、协调联动、市场配合、共同应对的多元化救灾格局。

各地建立志愿者组织或协会，吸纳医护人员、退伍军人及地震、地质、水文、气象、消防等方面的专业技术人才参与，一些社区结合全国综合减灾示范社区创建工作，成立了救灾志愿者和义务巡逻队等社区队伍。注重发挥社工在防灾减灾工作中的作用，逐步探索出政府主导型社会工作介入灾区的模式。

2.1.3.2 国家注重发挥新闻媒体的舆论宣传和引导作用

国家注重发挥新闻媒体的舆论宣传和引导作用，将防灾减灾知识普及纳入文化、科技、卫生"三下乡"活动，通过开展各种防灾减灾宣传活动，增强了城乡居民防灾减灾意识，营造了"防灾减灾，人人有责"的良好氛围。

据不完全统计，2011年以来历次防灾减灾宣传周期间，全国共发放各类宣传材料1.6亿份，举办培训及讲座4.5万场，举行不同规模的演练14.5万场、主题宣教活动2.6万场，参与现场活动的直接受教育人群6 500万人次。目前，全国已建成各级各类防灾减灾宣传教育基地2 000多个。其中，已建成全国气象科普教育基地217个，各级防震减灾科普教育基地369个，地质灾害科普、观测、监测和示范基地10个，消防博物馆23个，消防教育馆1 231个，消防主题公园62个，以防灾减灾宣传教育为主要内容的全国科普教育基地80个，全国红十字系统防灾减灾宣传教育基地20个。

2.1.4 国际合作与人道主义救援

2.1.4.1 广泛参与联合国框架下的减灾合作

中国与联合国、相关国际机构之间的合作关系进一步强化，广泛参与联合国国际减灾战略、联合国开发计划署、联合国亚太经社理事会、联合国人道主义事务协调办公室、世界粮食计划署、世界气象组织、政府间气候变化专门委员会和台风委员会、联合国难民署、联合国教科文组织等机构的减灾事务。

积极参与《2015—2030年仙台减轻灾害风险框架》的磋商与制定，参与2030年可持续发展议程制定，参加第三届世界减灾大会，发布《中国极端天气气候事件和灾害风险管理与适应国家评估报告》。

2.1.4.2 务实推进区域减灾合作

中国积极参与区域、次区域减灾合作。以亚太经合组织、中国－东盟（10＋1）、东亚峰会、中日韩合作、中俄印合作、东盟地区论坛、上海合作组织、湄公河委员会等区域、次区域合作机制为依托，积极响应区域机制框架下的防灾减灾合作倡议，开展防灾减灾务实合作。

主办或参加了亚洲部长级减灾大会、上合组织成员国紧急救灾部门领导人会议、亚太经合组织灾害管理高官论坛、中日韩灾害管理部门部长级会议、上合组织成员国联合救灾演练、东盟地区论坛救灾演练等重要救灾会议和活动。就中国－东盟防灾救灾合作提供5 000万元人民币经济技术援助。

2.1.4.3 积极开展人道主义援助

在应对特重大自然灾害和人道主义危机中，中国多次向亚洲、非洲、拉丁美州、南太平洋等地区的国家提供救灾资金和物资援助，派出救援队、医疗队驰援受灾国家，支持有关国家救灾及灾后重建工作。

中国在非洲部分国家粮荒、尼泊尔地震、伊朗地震、瓦努阿图飓风、古巴飓风、巴基斯坦洪灾、缅甸洪灾、塞尔维亚洪灾、智利洪灾、塔吉克斯坦泥石流等数十起灾害事件中紧急行动，向对方提供了大量物资和技术援助。

2.1.5 与东盟、南亚国家合作

历年来，中国政府致力于开展与东盟和南亚国家的双边或多边减灾救灾合作，积极响应中国＋东盟（10＋1）、东盟－中日韩（10＋3）、东亚峰会（10＋8）、东盟地区论坛（ARF）、湄公河委员会等区域机制框架下的防灾减灾合作倡议，推动与相关国家在信息共享、灾害预警、人员培训、救灾演练等领域开展务实合作，取得了积极成果。

　　针对东盟和南亚国家的实际需求，中国政府在力所能及的范围内与其开展了多种形式的减灾合作，且合作范围日益广泛，合作项目更加精确，逐步囊括了城市备灾、海洋防灾、法律建设、空间减灾、海上搜救等诸多方面，并涉及监测预警、应急救援、灾后重建等诸多环节。

2.1.5.1　人员交流培训

　　人员交流培训是中国与东盟和南亚国家减灾合作的重要内容，经过多年的努力，减灾救灾人力资源开发合作逐渐成熟。印度洋大海啸发生后的第 2 年，民政部在北京为地震海啸受灾国举办了"为印度洋海啸受灾国举办的减灾救灾人力资源培训班"，共有 31 名学员参加培训，他们分别来自印度尼西亚、斯里兰卡、印度、泰国、缅甸、马尔代夫、孟加拉国、索马里、肯尼亚、坦桑尼亚、塞舌尔 11 个国家。此后，围绕着减灾救灾信息交流、经验交流与技术交流，中国持续举办了中国－东盟减灾研讨会、中国－东盟灾害应急和救助研讨会、中国－东盟灾害风险管理研修班、灾后恢复重建管理研修班、中国－东盟灾害预警与空间技术应用研讨会、中国－东盟减轻灾害风险领域空间信息产品共享研讨会等各类研讨会、培训班。在多年的工作中，民政部逐步凝练出灾害管理类和技术类两大类精品培训课程，通过理论授课、情景演练、上机操作、实地观摩等方式，丰富了培训内容，提高了培训质量。

2.1.5.2　联合救灾演练

　　在 2011 年 3 月举办的东盟地区论坛第二次武装部队联合救灾演习中，中国政府第一次派员参加。在救灾演练结束后，时任中国驻印度尼西亚大使章启月就表示，中国派出医疗队参加 ARF 救灾演练医疗救助行动，不仅有助于提高自身参与多边合作救灾的能力，扩大我国的影响力，而且也给当地老百姓带来了实实在在的帮助。

2.1.5.3　资金技术支持

2015 年 7 月，缅甸遭受了 40 年来最大的洪涝灾害。中国政府第一时间向缅甸灾民伸出援手，提供紧急人道主义援助。除生活必需品的供给外，民政部国家减灾中心和中国气象局提供的缅甸灾区卫星遥感监测援助是此次人道主义援助的重要内容。自 8 月 1 日起，在中国驻缅甸使馆协调下，民政部国家减灾中心持续向缅甸外交部、气象水文局、社会福利和救灾重建部、交通部等缅甸减灾救灾部门提供了数十张洪灾卫星遥感图像及专家评估报告，为帮助缅甸方提升灾情监测评估、雨情水情走势预测能力和水平发挥了重要作用。

不仅在应急救援阶段，在防灾减灾以及恢复重建阶段，中国也正在给东盟和南亚国家提供实实在在的资金技术支持。2015 年 6 月 25 日，由尼泊尔政府主办的尼泊尔地震灾后重建国际会议在加德满都举行。中国、印度、联合国等 50 多个国家和国际组织的代表出席会议。外交部部长王毅与会并代表中国政府宣布了参与尼泊尔灾后重建一揽子方案。由民政部国家减灾中心编制的尼泊尔地震灾害损失和震后恢复重建项目规划建议报告是出台这一揽子方案的基础之一。为了编制该建议报告，受商务部援外司委托，民政部国家减灾中心克服重重困难，组建由防灾减灾、房屋结构、文物保护和市政设施专家组成的专家队伍。中国一直致力于通过合作提高东盟和南亚国家的综合防灾减灾能力。此前，中方提出制订"中国－东盟减灾合作行动计划"，承诺提供 5 000 万元人民币的援助资金，并提出制订孟加拉国减灾救灾能力建设援助一揽子方案。从 2013 年至今，民政部国家减灾中心通过参与对接和磋商、实地调研等方式，在这些项目方案的设计、需求及可行性研究等方面都做出了极大的努力，并为其后续工作的开展和实施提供决策和技术支持。此外，中国在监测预警方面充分发挥自身的技术优势，援建了印度尼西亚地震监测和海啸预警系统，与泰国联合推动泰中地球空间灾害监测、评估与预测系统建设。

2.1.6　湄公河流域各国的相关合作

2013 年 4 月，泰国地球空间技术局与中国武汉大学测绘遥感信息工程国家重点实验室、武汉信息技术与外包服务与研究中心，三方正式签署合作协议联合推展泰中地球空间灾害监测、评估与预测系统，启动了一系列合作。其中，共建泰国地球空间灾害预测系统，将主要服务于泰国的海上与陆上交通、减灾防灾、农业、电力、环境等领域。

2014 年 9 月，泰国多地遭受洪灾，为帮助下游国家应对可能的灾害，中国在优化水库调度的同时，将有关澜沧江洪水情况及水库调度有关信息向湄委会秘书处做了应急通报。

2015 年 7 月，缅甸伊洛瓦底江流域中下游地区遭受了严重的洪涝灾害，中国迅速派出专家组赴缅甸开展伊洛瓦底江防洪应急咨询；应缅甸政府请求，当年 10 月中国再次派出专家组"会诊"当地洪涝灾情，深入灾区开展实地调研，提出建设性咨询意见。

2015 年 11 月，中国、缅甸、老挝、泰国、柬埔寨、越南六国正式启动澜沧江－湄公河合作机制（简称澜湄机制）。澜湄机制是 2014 年 11 月中国国务院总理李克强在缅甸内比都出席第 17 次中国－东盟领导人会议时提出的重要倡议。这一新生机制涵盖五个优先合作方向，即互联互通、产能合作、跨境经济合作、水资源合作、农业和减贫合作。

2015 年 11 月，越南、柬埔寨、泰国、老挝、缅甸、尼泊尔六国的 15 名水利技术人员在中国进行了为期 10 天的技术培训，培训的主题是"山洪地质灾害防控技术"。中国邀请了经验丰富的水利专家，对 15 名学员进行了灾害防控技术培训；同时也安排学员参观了长江三峡、中国县级和省级山洪灾害监测预警平台、山洪示范区及山洪灾害防治非工程措施示范基地。

2.1.7 "十三五"防灾减灾工作重点

2017 年 1 月 13 日，国务院办公厅印发《国家综合防灾减灾规划（2016—2020 年)》，提出了"十三五"期间我国防灾减灾的九项规划目标：

（1）防灾减灾救灾体制机制进一步健全，法律法规体系进一步完善；

（2）将防灾减灾救灾工作纳入各级国民经济和社会发展总体规划；

（3）年均因灾直接经济损失占国内生产总值的比例控制在 1.3% 以内，年均每百万人口因灾死亡率控制在 1.3% 以内；

（4）建立并完善多灾种综合监测预报预警信息发布平台，信息发布的准确性、时效性和社会公众覆盖率显著提高；

（5）提高重要基础设施和基本公共服务设施的灾害设防水平，特别要有效降低学校、医院等设施因灾造成的损毁程度；

（6）建成中央、省、市、县、乡五级救灾物资储备体系，确保自然灾害发生 12 小时之内受灾人员基本生活得到有效救助，完善自然灾害救助政策，达到与全面小康社会相适应的自然灾害救助水平；

（7）增创 5 000 个全国综合减灾示范社区，开展全国综合减灾示范县（市、区)创建试点工作，全国每个城乡社区确保有 1 名灾害信息员；

（8）防灾减灾知识社会公众普及率显著提高，实现在校学生全面普及，防灾减灾科技和教育水平明显提升；

（9）扩大防灾减灾救灾对外合作与援助，建立包容性、建设性的合作模式。

《国家综合防灾减灾规划（2016—2020 年）》同时也给出了"十三五"期间我国防灾减灾工作的十项主要任务：

（1）完善防灾减灾救灾法律制度；

（2）健全防灾减灾救灾体制机制；

（3）加强灾害监测预报预警与风险防范能力建设；

（4）加强灾害应急处置与恢复重建能力建设；

（5）加强工程防灾减灾能力建设；

（6）加强防灾减灾救灾科技支撑能力建设；

（7）加强区域和城乡基层防灾减灾救灾能力建设；

（8）发挥市场和社会力量在防灾减灾救灾中的作用；

（9）加强防灾减灾宣传教育；

（10）推进防灾减灾救灾国际交流合作。

在"推进防灾减灾救灾国际交流合作"方面，要求：结合国家总体外交战略的实施以及推进"一带一路"建设的部署，统筹考虑国内国际两种资源、两个能力，推动落实联合国 2030 年可持续发展议程和《2015—2030 年仙台减轻灾害风险框架》，与有关国家、联合国机构、区域组织广泛开展防灾减灾救灾领域合作，重点加强灾害监测预报预警、信息共享、风险调查评估、紧急人道主义援助和恢复重建等方面的务实合作。研究推进国际减轻灾害风险中心建设。积极承担防灾减灾救灾国际责任，为发展中国家提供更多的人力资源培训、装备设备配置、政策技术咨询、发展规划编制等方面支持，彰显我负责任大国形象。

2.2 越　南

越南社会主义共和国位于中南半岛东部，北与中国接壤，西与老挝、柬埔寨为邻，东部和南部面临广阔的南海。越南处于东南亚的腹地，被称为东南亚的心脏，扼太平洋、印度洋海上交通要冲，战略地位十分重要，素有中南半岛的"前沿屏障"和"重要门户"之称。

越南国土狭长，呈 S 形状，南北长 1 650 km，东西最宽 600 km，最窄处仅 50 km。海岸线长 3 260 km，陆地边界线总长 3 920 余 km，其中中越边界长 1 340 余 km。越南国土面积为 329 556 km²。

越南是个多山国家，全境 3/4 的面积为山地和高原，近 1/4 是平原。整个地形自西北向东南倾斜，山脉基本上呈西北—东南趋向。北部和西北部为山地、高原。

北部山区又被红河分割成为红河以北山区和黄连山区两部分。红河以北山区中越边界一带的山地较高，一般在海拔 1 500 ~ 2 000 m 以上，地势险要，山高林密，山间谷地较宽，成为中越的天然通道。

黄连山脉地势最高，不少山峰海拔在 2 500 m 以上，这里山高林密，人烟稀少，交通不便。黄连山的主峰潘士朋峰在西北部，海拔 3 142 m，是越南第一高峰，也是中南半岛的最高点。

越南的高原分布在东北部和中部长山南段。越南的西部高原简称"西原"，位于越南中部的昆嵩、嘉莱、多乐等省，地处越南、老挝、柬埔寨三国的交界地带。"西原"南北长约 50 km，东西宽 150 km 左右，面积达 7 万多 km²。"西原"山峦叠嶂，丛林茂密，有 2/5 的面积为森林区，地广人稀。

平原首要分布在红河、湄公河下游及东部沿海地区，多是河流下游和沿海地带的狭窄平原，一边依山、一边傍海。红河三角洲是越南北部最大的平原，面积约 1.5 万 km²，是越南的首要产区之一。湄公河三角洲面积约 4.4 万 km²，是越南的第一大平原，是越南稻米生产的首要基地，也是东南亚著名的稻米产区之一。越南南方 60% ~70% 的农业人口集中于该地区。

越南河流密集，有大小河流 1 086 条。首要河流有湄公河、红河，其次是黑水河、泸江、太平河、马江、西贡河等。红河是越南的第一大河流，因水呈土红色得名，发源于中国境内云南省大理市，在越南境内长 508 km。湄公河发源于中国唐古拉山脉东北坡，在中国境内河段称澜沧江，出中国边境后的河段称湄公河，向东南流经缅甸、老挝、泰国、柬埔寨和越南南方，最后注入南海。澜沧江与湄公河总长 4 500 km，其中湄公河长 2 888 km；湄公河在越南境内，是它的下游，长 220 km，只有湄公河全长的 1/20。湄公河下游地势平缓，河道支流多，水势平稳，有利于通航。

2.2.1 灾害及管理概况

2.2.1.1 灾害概况

越南面积大约 329 556 km²。境内有丘陵和茂密的森林，平地面积不超过 20%，山地面积占 40%，丘陵占 40%，森林占 42%。北部地区由高原和红河三角洲组成。东部分割成沿海低地、长山山脉及高地，以及湄公河三角洲。气候属热带季风气候，湿度常年平均在 84% 左右。年降雨量为 1 200 ~ 3 000 mm 不等，年气温为 5 ~ 37 ℃。

越南有 9 400 万人，是世界人口密度最高的国家之一，被世界银行列为受气候变化影响最大的五个国家之一，也是亚太地区最易发生自然灾害的国家之一。越南有 70% 以上的人口遭受各种自然灾害（特别是水灾）的危害。每年 5 ~ 11 月，越南东部沿海地区会受到台风影响。越南国家水文气象预报中心及日本气象局都会发布相关的台风预警，一些沿海城市如海防、岘港等受台风影响较重。南部湄公河三角洲每年雨季都会出现洪水，给当地人民生产生活造成严重影响。受地理环境的影响，中南部各省是越南受灾最为严重的地区。2001—2010 年，越南每年由自然灾害造成 9 500 人死亡和失踪，经济损失每年约占 GDP 的 1.5%。

洪水、热带气旋（台风）和干旱是越南最频发和影响最严重的自然灾害，此外越南也受到地震、滑坡等自然灾害的影响。越南每年都会遭受 10～15 次台风和洪水的侵袭，造成 50% 的国土和 70% 的人口受灾。在 1954—2006 年的 50 多年的时间里，越南遭受了 380 次台风和热带气旋。台风常常伴随长时间的暴雨和洪水。

2008 年，洪水淹没了南部湄公河三角洲地区的数千房屋；2009 年 9 月的洪水迫使近 11 万人背井离乡；2010 年的洪水导致近 24 万人迁徙；2011 年的纳坦台风摧毁了 17.5 万间民宅和 9.9 万 hm² 的农田，并导致 20 万人受灾。越南统计总局数据显示，2017 年上半年，越南因自然灾害致死或失踪的人数为 27 人，受伤 30 人，经济损失超过 1 920 万美元。

经测算，1989—2008 年期间，自然灾害造成的年均经济损失占当年国内生产总值的 1%～1.5%。例如，2006 年超强台风"象神"导致越南中部 15 个省份遭受了 12 亿美元的损失。基础设施和人口日益集中于诸如洪泛区和沿海地区等脆弱地区。这一趋势意味着未来灾害相关损失将会只增不减。越南约 70% 的人口暴露于自然灾害风险之下，生计遭受最严重威胁的农村社区人口更是如此。

2.2.1.2 管理概况

防灾工作是越南政府灾害管理的重中之重，其采取了包括编制洪患风险地区示意图、建立洪水预警系统、建立电视灾害通知和预警系统、对各级政府和基层进行备灾培训、在某些地区实施还林、通过行政法规指导土地的利用和发展等诸多措施进行防灾备灾。

越南灾害管理的各项职能主要分布在政府各部委、各级政府以及各类委员会，各类的灾害风险管理预算由省级人民代表大会批准。虽然灾害管理的职能和权力下放，地方当局依然面临灾害管理资金短缺的问题。由于资金支持不足，各类减灾相关项目只能得到临时性的支持。

2.2.2　相关法律政策

2.2.2.1　2020 战略

2007 年，越南政府推出了"国家自然灾害防治改善战略2020（the National Strategy for Natural Disaster Prevention，Response and Mitigation to 2020；简称 2020 战略）"，明确了越南灾害风险管理的宗旨及目标，是目前越南自然灾害管理的纲领性文件。

根据 2020 战略，越南政府迫切需要：

（1）增强各部门的工作能力以及部门间的协作机制；

（2）增强针对灾害风险管理（Disaster Risk Management，简称 DRM）的融资机制；

（3）提高基层社区灾害风险管理（Community Based Disaster Risk Management，简称 CBDRM）能力和效率；

（4）在灾害高度易发地区建立灾害和气候变化预警系统；

（5）在国家部委、部门、地方和非政府组织之间建立信息共享网络；

（6）在灾害风险管理中积极引入最新的科学和技术措施；

（7）增强与国外和国际组织的联系，动员国际组织和非政府组织等机构的支持、合作与协助。

2.2.2.2　防灾法

2014 年，越南开始实施《自然灾害预防控制法》（the Law On Natural Disaster Prevention and Control，简称防灾法），从法律层面对自然灾害的管理防治进行了规范。该项法案包含了多项自然灾害预防和控制措施，包括了一项国家战略计划以及多项

"旨在推动灾害预防与国家和地方社会经济发展规划融合"的规定。此外，该项法案也明确了各部委和相关机构在灾害管理中的角色和责任，指定了"农业和农村发展部（the Ministry of Agriculture and Rural Development，简称 MARD）"作为灾害管理项目、提升公民防灾备灾意识、基层自然灾害管理的推动执行机构。该项法案也包含了一些鼓励对自然灾害风险进行保险的措施。该法既适用于越南本地的组织、机构、家庭和个人，也适用于在越南进行自然灾害预防的外国组织和个人以及国际组织。

2.2.3　相关组织机构

目前，越南主要的减灾备灾以及救援机构包括洪水风暴控制中央委员会（the Central Committee for Flood and Storm Control，简称 CCFSC），MARD，越南事故、灾害反应和搜寻救援全国委员会（VINASARCOM），具体情况如下。

2.2.3.1　CCFSC 和 MARD

CCFSC 和 MARD 是目前越南最重要的两个灾害防备与响应机构，是负责国家防灾、应急和减灾的管理机构。CCFSC 由 MARD 在 1990 年牵头成立，也是负责越南灾害管理的主要协调机构，由政府多个部门和减灾、救灾、救援等相关机构的代表组成。

CCFSC 的主要活动是依托堤防部门，开展灾害评估、灾情报告和紧急协调工作；具体包括监测风暴和洪水的影响，收集受灾数据，提供官方预警，协调和实施灾害应急措施等。同时也是堤防管理与洪水和风暴控制部门（the Department of Dyke Management and Flood and Storm Control）、灾害管理中心（the Disaster Management Center）、水文气象部门（the Hydro-meteorological Service）和越南红十字会（VNRC）灾害管理活动的协调部门。CCFSC 和 MARD 也是 2020 战略的主要执行机构。

各省市也均设有自己的"洪水风暴控制中央委员会（Committee for Flood and Storm Control，简称 CFSC）"以及搜救队（包括省、市、区三级），作为当地的灾害组织和协调救援机构。CCFSC 的组织结构图见图 2-1。

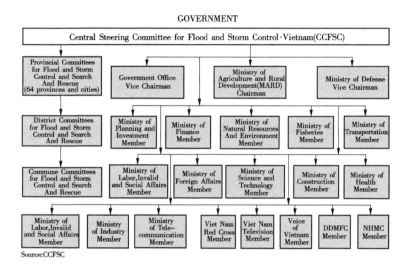

图 2-1　CCFSC 的组织结构图

2.2.3.2　VINASARCOM

VINASARCOM 是政府成立的灾害搜索和救援（SAR）组织，主要职能如下：

（1）帮助政府指导各部委和组织机构进行长期灾害战略管理规划以及年度计划；

（2）指导和协调各部门和地方政府的力量进行全国范围的快速搜救活动；

（3）指导搜索救援演习及相关培训；

（4）协调区域和国际组织的救灾援助活动。

VINASARCOM 的主席由副总理担任，国防部副部长担任常务副主席，由国防部（MND）作为 VINASARCOM 活动的主要执行机构。

2.2.4 相关教育和培训

越南大多数群众之前往往只关注灾害带来的损失，减灾备灾意识比较薄弱。越南政府正积极通过电视、收音机、电话以及互联网等渠道进行防灾减灾信息的传播和教育，也通过组织越南灾害日和国际灾害日的公共教育运动进行公民教育。

多年来，越南红十字会在制订社区应对灾害计划方面发挥着"领头羊"的作用。2015 年 11 月，越南红十字会中央委员会正式公布"提升越南红十字会各级分会在灾害风险管理和急救的能力"项目。该项目由美国国际开发署（USAID）资助，着重提高越南红十字协会在预防和应对灾害，确保省级灾害应急救援队伍的可持续性方面的协调能力；提高越南红十字协会中央委员会与和平、广宁、薄辽等省分会会员的灾害应急与急救能力水平等。该项目经费总额近 50 万美元，实施期限从 2015 年 10 月 1 日至 2017 年 3 月 31 日。预计该项目将对薄辽、和平和广宁三省约 2 万人进行关于急救、灾害管理、气候变化应对的能力培训。

2.2.5 预警体系

中央一级的预警由 CCFSC 和 VINASARCOM 负责，区域一级的预警由设立在岘港和胡志明市的 CCFSC 常务办公室负责，省级预警由 CCFSC 和 VINASARCOM 当地成员机构（由省人民政府主持）负责，更低级的地方预警和省级类似。预警体系是自上而下运行的，越南国家水文气象预报中心（NCHMF）提供风险预警信息，CCFSC 在中央层面宣布预警信息后，下级各组织单位才会采取行动。目前的预警系统（EWS）主要包括越南电视台（VTV）和越南电台（VoV）以及 CCFSC 系统等通道。

但是，当前越南的预警系统还存在诸多不足，一方面预警系统并不能有效地覆盖到基层组织，另一方面目前的预警系统对突发自然灾害以及森林火灾预警的能力依然十分有限。

2.2.6　灾难救援

VINASARCOM 是越南的主要灾难救援机构，他们指挥和协调各部委、分支机构、地方政府的力量进行全国快速搜救活动，负责组织搜索和救援演习以及相关培训课程，并协调区域和国际组织的救灾援助活动。

2.2.7　基层社区灾害风险管理

许多国际救援组织的防灾减灾合作项目都是通过越南政府的"基层社区灾害风险管理项目（Community Based Disaster Risk Management，简称 CBDRM）"推行的，CBDRM 的主要内容是推动基层社区群众和政府对自然灾害风险进行事前的积极管理，越南政府的目标是在 2020 年前在 6 000 个最易受灾的社区和村庄开展 CBDRM 行动。

2.2.8　防灾社区简介

近年来，世界各地自然灾害频繁发生，各国在应急工作中逐渐意识到，仅靠专业队伍和行政力量很难完成灾害的预防和应急工作，社区在防灾减灾以及灾后重建中能够发挥重要作用，于是纷纷开始强调社区防灾减灾的重要性，并陆续进行了社区防灾能力建设。

防灾社区是指在政府或非政府组织的协助下，有能力完成自然灾害管理的相关工作。在此过程中，以社区民众为主体，进行社区培育与赋权，凝聚社区共识与力量，并通过预防措施主动减灾，减少社区的致灾因子，降低灾害发生的概率。当发生灾害时，民众也应该能够及时开展灾害应急与救助，并能够迅速推动灾后社区复原与重建工作。防灾社区建设第一注重人的力量，第二注重灾前预防作用。因此，对人的培训和灾前的模拟演练尤为重要。很多国家利用计算机技术实现社区民众的防灾减灾知识培训，并通过情景模拟方式在社区民众中展开演练，使社区民众能够熟悉救灾流程，以及与政府、社会团体、专业队伍等的协调配合，提升社区的防灾救灾能力。一些发达国家已经建立了比较完善的防灾社区。

2.2.8.1 美国：社区特点促进防灾社区建设

美国的社区特点是其并不作为政府的一个基层管理单元（行政区划）而存在，联邦各州乃至各个市、镇，都有其独特的社区治理方式，但是在社区发展和管理上，基本都采取了"政府负责规划指导和资金扶持，社区组织负责具体实施"的运作方式。他们将具体事务交给社区组织和民间团体，政府只负责宏观调控。在社区的日常运作中，社区委员会、社区主任、专业社区工作者、非营利组织和社区居民、志愿者均是社区治理的主体，对社区建设和社区发展负有职责和义务。

美国的社区特点促进了美国防灾社区的建设。美国联邦紧急管理署（FEMA）在1997年开始推动"影响方案"计划，鼓励由社区主动采取行动来减少灾害发生的概率，减少民众的财产损失。选定多个易受灾的社区进行灾前减灾工作，如加强房屋结构、建立逃生通道等。"影响方案"计划是美国政府建构防灾型社区的重要指南，同时FEMA制订了社区版的"可持续减灾计划"，推行以社区为基础的全新灾害减缓计划，要求建立包括各利益相关者（主要为社区内的）在内的伙伴关系，识别并减少灾害风险，把风险及风险规避决策纳入社区日常决策之中。

美国建立防灾社区的机制可分为如下几个方面。

(1)构建社区协作关系。社区与公共部门、私人企业、学校及居民等共同组成强有力的公众力量，他们相互间是非常重要的伙伴关系。这些社区伙伴关系的建立，影响推动社区防灾的进行，尤其对于长年遭受灾害困扰的社区，如能建立社区伙伴关系，将为长期推行社区防灾的计划创造良好的环境。

(2)评估鉴定社区灾害。根据社区内可能致灾的地点，研究灾害防范范围，制作相关社区地图，并针对社区致灾地点充分利用现有公共资源管道，查找和防范易致灾的隐患。

(3)制订社区减灾计划。社区居民参与协商讨论，分析和评估灾害所造成损失的程度，参照灾害评估鉴定结果，列出各项社区风险减灾计划，制定适合社区短期与长期的减灾策略。

(4)建立防灾型社区。经过建立社区伙伴关系，灾害风险评估及研究制订社区防灾计划后，社区需经常参考和利用美国联邦紧急管理署提供的资源、工具及计划，对社区民众展开防灾救灾培训，并定期进行演练，不断地完善和提高社区的防灾减灾能力。

美国建立的防灾社区通过灾前、灾时和灾后可以实现。

(1)灾前的减灾及准备。社区规划相关防灾救灾计划，并成立社区防灾救灾编组，制订有针对性的应变计划；对社区民众进行防灾救灾知识培训，组织社区民众进行模拟演练，使民众熟练社区组织下的各项防灾救灾工作及联系运作方式，在灾害发生时，从容不迫完成各项紧急处理工作，降低伤亡损失，提高灾时应变的能力。

(2)灾害发生时，依照既定组织及事前演练模式展开互助互救的工作。

(3)灾后的重建工作。利用社区防灾救灾编组系统，有效安排受灾居民的复建工作，按照地区及居民需求，建立"抗灾社区"；灾后重建以社区居民为主导，听取相关社区居民经验，进行规划设计。

2.2.8.2 英国：社区服务中心发挥重要作用

英国是社区建设的发源地，早期的社区建设具有较强的自发性质。随着社区在应对社会问题中的作用日益提升，政府越来越重视社区在应急管理体系中的作用和地位，积累了比较丰富的社区建设经验。

英国政府行为与社会行为相对分离，政府通过制定各种法律法规规范社区内不同集团、组织、家庭和个人的行为，为社区成员参与减灾救灾工作的民主程度提供制度保障。此外，英国内阁办公室制定《关于形成社区系统抗灾力的战略框架》，细化了在形成社区系统抗灾能力中个人、社区和其他参与者行为的指导原则，解释了《关于形成社区系统抗灾力的战略框架》应用后可能出现的效果，理清了参与社区减灾救灾合作者的角色分工，规定了中央政府如何帮助地方政府提高当地社区系统抗灾能力等。

英国社区服务中心设施功能完善，是集社会福利、老年保健、儿童看护、娱乐休闲、职业培训等功能于一身，能够面向社区居民开展各种服务。因此，在构建防灾型社区时，英国政府将社区服务中心作为社区宣传减灾救灾知识的重要阵地。

英国政府通过公共服务一体化网站，将如何预防灾害，灾后如何向保险公司寻求赔偿，以及帮助社区居民了解一般性灾害的紧急求助电话等信息集成化，在理念上推动形成"社区自救"的应急能力。为提升社区抗逆力（Resilient），英国政府建立了"社区防灾数据库"，推广好的经验和做法，并在内阁办公室内成立了"社区防灾论坛"，针对社区在减灾救灾中的成功案例，分析总结经验，帮助社区形成应对灾害的成熟预案，依据成功案例开展应急培训与演练，提升社区防灾能力和快速回应灾害的能力。英国内阁办公室建立了"社区应急方案模板"，将防灾救灾知识及信息通过网络提供给社区居民。"模板"中包括社区风险评估、社区资源和技能评估、应急避难场所地址选取、应急联系人员、沟通联系方式"树状图"、社区可提供服务的组织机构名称、应急响应机制、社区应急小组会议地点、联络中断的备用方案等。

　　防灾社区的建设关键是社区居民的防灾意识，通过充分调动及发挥个人在社区应急中的作用，提升社区防灾救灾能力。在计算机时代，各国在构建防灾社区时充分利用计算机技术和网络通信技术，对社区居民展开防灾救灾培训及演练，增强社区居民防灾救灾能力，提升防灾社区的抗逆力。

2.2.9　世界银行的减灾支持

2.2.9.1　项目简介

　　2006 年，世界银行启动"越南灾害风险管理项目"。世界银行下属机构国际开发协会为其提供了 8 600 万美元软贷款。此外，项目也收到了荷兰政府提供的 850 万美元赠款、日本社会发展基金提供的 146 万美元赠款以及日本政策和人力资源发展基金提供的 450 万美元赠款。全球减灾与恢复基金提供了 440 万美元赠款，支持开展了多项调研，从而激发了越南国内创新活动，推动各地因地制宜地采用了全球良好实践方法。项目符合越南政府新制定的《国家自然灾害预防、响应和缓解战略》（实施期至2020 年）。

　　为应对 2008 年凯萨娜台风造成的影响，世界银行于 2010 年提供了 7 500 万美元追加贷款，支持扩大灾后重建工程规模。此外，世界银行于近期批准了一项贷款额为 1.5 亿美元的新项目（越南自然灾害管理项目）。该项目将支持采取综合措施来开展自然灾害风险管理工作。

　　项目合作伙伴包括联合国国际减灾战略署、联合国开发计划署、世界气象组织、联合国粮农组织以及澳大利亚国际发展署。

世界银行和这些机构共同设立了发展伙伴灾害风险管理工作协调小组。

2.2.9.2 项目措施

目前，项目正在采取综合方式来帮助应对农村社区在与自然灾害共处过程中面临的挑战。该方式的流程如下：

第一，社区就如何制定其自身应急准备策略、把灾害风险管理工作纳入其所在公社的经济生活发展计划等内容接受相关培训。

第二，针对农村社区生命线——农村公路和灌溉基础设施执行新的、更高的工程标准，以确保社区居民人身安全，保障其生计。

第三，借助农业风险管理信息系统改善贫困家庭生计状况。该系统可帮助农户提高生产率，增强其应对旱灾、洪灾、水土流失和酷热的能力，也可提供病虫害防治、疾病治疗、营养物管理、节水、枣树栽培和粮食种植格局等方面的有用信息。

第四，针对大坝、水库和疏散桥梁等实施工程性风险降低措施，有助于最大限度地降低灾害带来的不利影响。

2.2.9.3 项目成果

由世界银行资助、在 12 个省份实施的社区主导型灾害风险管理试点项目取得了成功，越南政府决定实施投资总额为 4.5 亿美元、覆盖全国 6 000 个公社的国家社区主导型灾害风险管理工程。

十一项大型洪灾和风暴缓解基础设施工程已在越南中部地区建成或改造完成，如避风港、河堤、应急疏散道路以及排水泵站等工程。

政府机构在灾害风险管理方面的能力得到了提升，从而推动越南政府调整了洪水和风暴防治中央委员会及其在各行各业和 63 个省份所设分支机构的职能和协调机制。

项目大力改造了被灾害毁坏的 10 个灾害防护工程以及其他公共服务基础设施工程，包括学校、医疗设施等工程。

30 个公社的 21 万多名村民实施了工程性措施，包括多功能避难中心和排水渠，也实施了非工程性措施，如制订《更安全公社建设计划》、举行疏散演练等。所有项目公社均接受了预警系统培训，也收到了项目提供的预警系统设备。

目前，有关部门正按照新标准制订防灾道路和灌溉设施建设方面的国家指南和行动计划。

2.3　泰　　国

泰国位于亚洲中南半岛中部，地处 5°30″N ~ 21°N、97°30″E ~ 105°30″E，是东南亚地区的中心。东与柬埔寨王国毗连，东北与老挝交界，西和西北与缅甸为邻，南与马来西亚接壤，东南邻泰国湾（太平洋），西南濒安达曼海（印度洋），全国面积 513 115 km²，在东南亚地区仅次于印度尼西亚和缅甸，居第三位。

泰国南北距离为 1 620 km，东西最宽为 775 km，而最窄处仅 10.6 km。泰国的陆地边界线长约 3 400 km。

泰国地势北高南低，自西北向东南倾斜。地形基本上由山地、高原和平原构成。

根据地形，泰国可分为如下四个自然区域：

北部：主要是山地，它是中国云贵高原怒山山脉的延伸，由北至南纵贯全境。进入泰国北部与西北部的山脉，被称为登劳山脉、他念他翁山脉。他念他翁山脉的因他暖峰，海拔 2 576 m，为泰国第一高峰。北部遍布热带森林、起伏的山脉，湄南河的四大支流宾河、汪河、永河、难河就是发源于北部山地。

东北部：主要是高原，又称"呵叻高原"，海拔 150 ~ 300

m。其西边和南边为山脉，北边和东边由湄公河环绕，整个高原由西向东倾斜，横贯高原的蒙河顺山势流入湄公河。湄公河成为与老挝的天然国界，湄公河上游为中国的澜沧江。

中部：主要是著名的"湄南河平原"，大部分土地在海拔以下。湄南河是泰国的第一大河，长 1 352 km，自北向南流入泰国湾。中部河流很多，水网密布，土地肥沃，是泰国主要的稻谷产区和水果种植区，被誉为"亚洲的米粮仓"。

南部：是马来半岛的北部，为丘陵地带，东邻泰国湾，西濒安达曼海，海岸线很长，有沿海平原，还有众多的热带岛屿。

泰国地处热带，绝大部分地区属热带季风气候，终年炎热，全年温差不大，可谓"四季如夏"。除个别山地外，各地气温均较高，年平均气温一般在 28 ℃ 左右。由于受热带季风影响，泰国全年可明显分为三季：热季（3—5 月），空气干燥，气温最高，平均气温为 32~38 ℃；雨季（6—10 月），日晒充足，全年85% 的雨量集中在雨季，月平均温度维持在 27~28 ℃；凉季（从 11 月至次年 2 月），平均气温为 19~26 ℃。北部和东北部在夜间温度较低。南部是热带雨林气候。

2.3.1 灾害及管理概况

2.3.1.1 受灾概况

泰国面积 51.311 5 万 km²，总人口 6 590 万，有 75 个省和曼谷市，998 个县 8 860 个农村区。泰国位于热带，受季风和热带风暴影响，易发水灾、泥石流、森林火灾、旱灾、风灾、闪电、冰雹和传染病等灾害。水灾是迄今为止泰国最严重的自然灾害，造成的损失超过所有其他灾害的总和。

每年 7~9 月是泰国的雨季，且降水大都集中在泰国上游地区，由于泰国是一个北高南低的国家，所以上游的降水会随着洪水向下倾泻，极易形成洪涝灾害。

2004 的印度洋海啸是泰国近年来遭受损失最大的自然灾害，造成数千人死亡和失踪，财产损失达到几十亿泰铢（1 美元约合 31 泰铢）。

2011 年泰国经历特大洪水，2015 年和 2016 年又接连经历了严峻的旱情，2017 年首都曼谷又经历持续暴雨，部分地区雨量创 12 年新高，酿成水灾。这些灾害对泰国农业产生和经济活动均产生了持续性的影响。

2.3.1.2　灾害管理

在灾害管理方面，泰国起步虽晚，但在强化灾害管理顶层设计和系统推进方面迅速，其重要原因在于通过合作交流学习发达国家经验。例如，美国的事故指挥系统（ICS）被泰国所采纳，泰国的全国灾害预警中心也得到美国从技术到装备方面的全面支持。另外，泰国政府在灾害管理中重视利用国际资源。泰国政府灾害管理部门非常重视和国际机构及非政府组织的联系与交流，如联合国人道主义事务协调办公室（UNOCHA）、东盟人道主义援助与救灾中心（AHA）、亚洲备灾中心（ADPC）、亚洲基金会、美国发展署亚洲代表处等。如有大的灾害发生，他们通过政府和 UNOCHA 间的协调机制，可以把援助救灾物资及时送到目的地；非灾害时期，这些机构帮助他们提升能力建设。

2004 年印度洋海啸之后，泰国的灾害管理有了很大提升，着力在以下方面进行改革。

（1）加强公共宣传教育，使人们了解各种灾害的威胁。

（2）使早期预警成为现实，特别不能让 2004 年海啸灾难重演。

（3）形成更多的国际灾害管理网络，更充分利用发达、先进国家的技术援助。

（4）有效的损失评估。引入遥感技术来有效评估大型灾害造成的损失。

（5）使用以社区为中心的方式。这是应对灾害的最前沿，必须提高他们的灾害反应能力，增强他们对灾害的认识并做好防灾准备。

（6）强调预防措施。从原来的"救援""救助"转为以"预防"为核心的新方式。

（7）重视公共参与，使各方面利益相关者聚拢到一起。

（8）重视统一管理。使用"事故指挥体系"（ICS）将有助于加强管理的统一性。

（9）重视有效的通信，他们对灾害管理至关重要。

（10）重视人力资源开发，这是灾害管理的关键因素。

（11）生计的恢复。社区发展、职业培训、改善生活水平等活动应当在灾后立即开展，以便尽快使灾民恢复正常生计。

2.3.2　相关法律政策

2007年11月6日，泰国《防灾减灾法》正式生效，取代了1979年《民防法》和1999年《火灾防治法》。根据《防灾减灾法》，泰国的灾难分为三类：一是人为和自然灾害；二是战争期间由空袭造成的灾难；三是恐怖袭击造成的灾难。《防灾减灾法》明确规定了包含各种灾害、政策指南、操作程序在内的灾害管理安排。泰国《防灾减灾法》有四个主要特点：一是建立了包括国家、各省和曼谷市在内的三级主要决策和规划机构；二是总理或指定的副总理担任全国总指挥；三是任命防灾减灾局为全国灾害管理的核心政府部门；四是授权地方政府在自己管辖的区域按照省级规划行使灾害管理职能。

2.3.3　相关组织机构

2.3.3.1　防灾减灾委员会

国家建立防灾减灾委员会（NDPMC），由总理或总理指定的副总理任主席，负责制订"国家防灾减灾计划"及相关政策，建立和完善国家灾害管理体系。发生大规模灾害时，总理担任全国总指挥，指挥中央和地方机构处理灾情。防灾减灾局是国家防灾减灾委员会的秘书处，负责协调落实各项任务和具体工作。

2.3.3.2　防灾减灾局

2002 年，泰国根据《政府机构改革法》，建立防灾减灾局（DDPM），由原来负责防灾减灾的省务管理局民防处、加快农村发展局、社会福利局、社区发展局以及国家安全委员会办公室组成。

泰国《防灾减灾法》规定防灾减灾局是内务部下属负责全国防灾减灾工作的核心中央政府部门。除在曼谷的总部外，防灾减灾局在全国各地有 18 个地区行动中心和 75 个省级办公室。

防灾减灾局的主要职责如下：

（1）开展灾害预防和民间紧急情况预防，建立预警体系，加强所有地区的备灾工作；

（2）系统、迅速、公正、全面地指挥和实施灾害减缓和民间紧急状况的减缓行动；

（3）采购对防灾、减灾和救济行动必不可少的物资、设备和车辆；

（4）恢复遭到破坏的公共设施，帮助灾民恢复生计，以及身体和精神创伤，所有这些活动都要彻底、公平、迅速，并确保与灾民的需求一致；

（5）促进与其他国内和国际机构在防灾减灾体系、项目、实施评估方面的协调，将防灾救灾工作主流化。

2.3.3.3　国家安全委员会

国家安全委员会（NSCT）的任务和职责只限于人为灾害事故的管理。NSCT 成立于 1982 年，当时泰国经常发生交通事故，每年造成大量人员伤亡和财产损失，影响国家经济发展，于是成立了该机构解决这一问题。后来 NSCT 的职能有所扩大，包括对化学事故、工伤事故、居民家庭和公共场所事故的预防，高层建筑的防火措施，地铁事故预防以及安全教育等。NSCT 的秘书处也设在防灾减灾局。泰国灾害管理组织框架见图 2-2。

2.3.4　相关教育培训

防灾减灾学院（DPMF）成立于 2004 年 11 月，其愿景是让政府和公众做好防灾减灾准备。学院除曼谷总部外，在巴真武里、宋卡、清迈、孔敬、普吉和彭世洛设有 6 个分院，分别负责邻近省份和相关灾种管理的培训。培训的主要课程有防灾减灾规划、灾害管理、消防、搜救、社区灾害风险管理、指挥体系等。所有培训都按项目进行管理。学院与日本 JIKA、德国 GTZ、联合国 UN 等都有合作。

防灾减灾学院普吉分院，是 2004 年海啸之后第一个建立的区域培训中心，负责 11 个省和山体滑坡、地震、海啸防灾减灾的培训教育。分院有 3 个部门、14 名工作人员，分别负责培训教育、政策研究和演练。2013 年计划开设的课程有通信器材应用、消防基础、消防高级、紧急应对海啸、化学有毒物质泄漏处置、志愿者、部门首脑（当地管理部门、社区领导）、社区紧急状态应对、办公室职员怎样应对紧急状态、工作人员怎样逃生（针对山体滑坡、火灾、地震、建筑物倒塌等）。培训对象有政府官员、NGO 官员、基层社区管理人员等。此外，他们还和学校合作培训保安，和志愿者一起开展公民防灾教育活动。

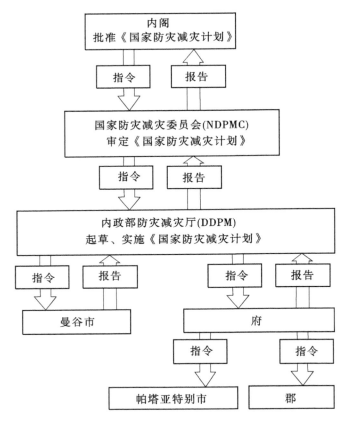

图 2-2 泰国灾害管理组织框架

2.3.5 预警系统

全国灾害预警中心（NDWC）成立于 2005 年，其主要任务是接收来自全国和世界各地的地震、海啸信息，监测地震，分析地壳活动数据，研判发生海啸的可能性，必要时及时向公众、政府有关部门和救援人员发出警报，以便人员及时撤离至安全地带，减少人们生命财产损失。

2.3.6 灾难救援和基层社区灾害风险管理

泰国政府特别注重基层社区的灾害风险管理。泰国攀牙省的班南科在 2004 年海啸中整个村庄被毁，之后，幸存的村民自发组织起一支志愿者队伍，目前有 140 人（其中，女性 50 人），编成 3 个分队，一分队 80 人，负责灾后搜救、交通安全，统一着黑色制服；二分队 40 人，负责公共卫生、收集信息，统一着灰色制服；三分队 20 人，负责组织安置在当地打工的缅甸人，统一着蓝色制服。他们成立了应急协调中心，组织村民开展灾后重建，建立了海啸早期预警塔，制订了自己的应急计划，从人员、设备、预算和管理方案等方面都做好准备，开展应急演练，以应对可能发生的新灾害。这支队伍获得泰国政府"金狮奖"，其中搜救队还参与了美国卡特里娜飓风和日本"3·11"大地震的搜救。在泰国，像这样的志愿者队伍还有很多，他们之间保持联系，互通信息，一方有难，八方支援。

2.3.7 救灾案例

2.3.7.1 2011 年泰国洪灾

1. 受灾情况

2011 年泰国遭受了 50 年一遇的特大洪灾，洪灾持续近 4 个月，泰国全国有 65 个府受到洪水影响，首都曼谷 60%～70% 的街道被水淹没，交通中断，给人民生命财产造成巨大损失。据统计，凶猛肆虐的洪水导致泰国近千万民众受灾，百万公顷良田被摧毁和吞没，粮食生产与出口剧烈萎缩，工业与旅游业遭遇重创。泰国工业联合会的研究报告认为，洪灾对工业的破坏在 99 亿～132 亿美元，给农业方面造成的损失约 500 亿泰铢。此外，洪灾巨大掣肘之下的泰国经济明显减速，2011 年泰国全年 GDP

增长率仅为 0.1%。另据泰国内政部防灾减灾厅统计，在持续 4 个多月的洪涝灾害中，有 708 人遇难，另有 3 人失踪。

2. 应对措施

为加强对抗洪救灾工作的领导，特别是为保住首都曼谷，英拉政府采取了一系列积极有效的措施，全力投入抗洪救灾。

首先，英拉政府依据《2007 年防灾法》第 31 条第 1 项有关"当灾害处于严重状态时，总理或被指名的副总理，有权对最高司令官、政府阁僚以及负责防灾减灾的地方行政机构（包括对灾区受灾者的救济）在内的所有救灾行动下达命令"的规定，将负责曼谷地区抗洪救灾的权限从市政府手中拿过来，宣布采取一切措施保护曼谷的重要地点，如王宫、总理府、国会大厦和国际机场等，要求军警和所有公务员听候中央政府的命令；政府同时公布了曼谷 33 处水灾高危区和湄南河东岸需要保护的 16 处重要设施，要求各相关部门通力协作，共同做好抗洪工作。

其次，确立初期应急体制。为进一步加强协调和指挥，10 月 7 日，泰国成立了以总理英拉为主任的抗洪救灾指挥中心，该中心办公室设在曼谷廊曼机场。当天，英拉主持召开了相关国家机构高级官员参加的抗洪救灾紧急会议，商讨和部署几个严重被洪水围困的抗洪救灾应对措施。10 月 8 日，在廊曼机场内设立"受灾者救助中心"，向受灾群众提供援助。10 月 9 日晚，英拉下令有关政府机构做好疏散民众的准备，一旦情势危急，他们能将民众尽快转移到安全的地方。10 月 11 日，政府召开内阁会议，决定成立"水灾受害者援助复兴委员会"，任务是制定基础设施、经济、社会 3 个领域的重建计划。11 月，政府工作的重点向中长期的洪水对策以及水资源管理体制的确立转移。11 月 10 日，政府设立"复兴与国家未来建设战略委员会"和"水资源管理战略委员会"（事务局设在泰国国家经济社会开发厅（NESDB）内）。11 月 19 日，内阁会议还决定对受灾家庭给予每户 5 000 泰铢的救助。此外，政府要求所有政府部门削减新财年 10% 的正常预算支出共计 800 亿泰铢，用于灾区救济和重建。与此同时，政府计划增加 1 000 亿泰铢预算用于灾后重建。

最后，积极争取国际救灾援助。泰国政府在开展抗洪救灾的同时，还积极争取国际援助。水灾发生之后，许多国际组织以及外国政府也都纷纷向泰国洪水灾区伸出援手。作为友好邻邦，中国是第一个向泰国提供援助的国家。应泰国政府要求，中国防洪专家组最先抵达泰国，向泰方提供防洪抢险救灾咨询。中国政府向泰方提供了价值 4 000 万元人民币的抗洪救灾物资援助和 100 万美元现汇援助，表达了中国政府和人民对泰国灾区人民的同情和慰问，体现了两国政府和人民的友好情谊。此外，美国、新西兰和日本等国家及跨国机构也都纷纷通过泰国红十字会向灾区提供援助，美国也出动直升机协助泰国政府监测洪水形势。

2.3.7.2　2016 年泰国旱灾

在 2016 年的旱灾中，泰国政府采取了以下应对措施：

（1）拨款协助寻找新的水源，补助农民生计；

（2）努力保障民生用水的供应；

（3）为确保各个省府农业用水及曼谷居民供水的水库能够维持一定的储水量，泰国政府在 2015 年 10 月就已要求稻农避免种植包括稻米在内的耗水量大的作物；

（4）为缓解用水压力，曼谷政府将泼水节的庆祝时间从 4 天缩减至 3 天；

（5）从湄公河抽水（泰国保证不会影响湄公河的流量，但这依然引起越南紧张，因为同时越南也面临着干旱）。

2.3.8　与中国的减灾救灾合作

泰国是中国的重要贸易伙伴、主要农产品进口来源国和最大的橡胶进口来源国。在全球经济复苏乏力的大背景下，2016 年中泰双边贸易额逆势上扬 1.9%，达 769 亿美元，中国连续四年保持泰国最大贸易伙伴的地位。中国对泰国的投资逐年增多，近年来呈爆发式增长，2016 年对泰国新增非金融类直接投资 8.3 亿美元，同比增长 88.3%，成为泰国第三大投资来源地。

1975 年 7 月 1 日，中国与泰国建立外交关系。两国关系保持健康、稳定发展。双方还在大湄公河次区域经济合作（GMS）的框架之下，开展交通、能源、电信、环境、农业、旅游、人力资源开发、贸易便利化、投资等领域的合作。截至 2007 年 12 月，GMS 共开展了 180 个项目，动员资金总额 100 多亿美元，重点项目有交通走廊、《GMS 便利客货跨境运输协定》及其附件和议定书、电力联网和贸易、GMS 信息高速公路、生物多样性保护走廊等。中泰是友好邻邦，不断丰富两国全面战略合作伙伴关系，实现共同发展，促进地区和平、稳定与繁荣。

关于灾害方面的合作，2000 年《中泰关于二十一世纪合作计划的联合声明》中提出：中泰双方同意两军在人道主义救援减灾方面交流经验，进行军事科技交流以及交换各种信息等。

2004 年，震惊世界的印度洋大海啸给泰国造成了巨大的损失，中国政府和人民对友邻国家遭受的灾难感同身受，在灾难发生后第一时间向包括泰国在内的有关受灾国提供了紧急资金和物资援助，派医疗队参加灾区救援行动，并积极参与灾后重建工作。中泰双方在会议期间就加强中泰在救灾领域的国际和区域合作交换了意见。2008 年，中国汶川发生大地震，泰国在此时也给予了中国很大的关心和帮助。泰国政府捐赠了 50 万美元并表示希望上述捐款能够帮助四川地震灾区人民重建家园。近年来，中泰关系保持健康、稳定发展势头，双方在各领域交流合作不断扩大。2011 年 12 月，习近平副主席访问泰国。两国签署了加强防灾减灾等领域合作的多项文件，提升两国战略性合作水平。中国和泰国的灾害合作最为典型的方式应该说是灾害科技合作。

  2013 年 4 月，泰国地球空间技术局与中国武汉大学测绘遥感信息工程国家重点实验室、武汉信息技术外包服务与研究中心，三方正式签署合作协议联合推展泰中地球空间灾害监测、评估与预测系统，启动了一系列合作，共建泰国地球空间灾害预测系统。该系统已于 2014 年建成，主要服务于泰国的海上与陆地交通、减灾防灾、农业、电力、环境等领域。北斗系统可在东南亚地区陆海空防灾减灾等领域发挥重要作用，有利于东盟国家经济建设。可望对泰国的防灾减灾、经济发展发挥突出作用。中泰达成签署《泰国地球空间灾害监测、评估与预测系统合作行动协议》，充分展示了中国对外友好的经济技术援助政策，积极促进了中泰双方的友好合作与交流。

  中国还与泰国加强科技合作关系，加强在灾害防治方面的交流与合作，并在国际和地区合作组织的框架下加强协调与配合。在灾害防治领域，双方将进一步促进防灾技术研究、灾害应对、灾后重建和传染病预防与控制方面的合作。

  2017 年 5 月 8 日，中泰流域科学与可持续管理合作研究项目群启动会在厦门顺利召开，标志着"未来地球"框架下"流域科学与可持续管理"中泰合作计划正式开始实施。

  "未来地球（Future Earth）"是由国际科学理事会（ICSU）和国际社会科学理事会（ISSC）发起、联合国教科文组织（UNESCO）、联合国环境规划署（UNEP）、贝尔蒙特论坛（Belmont Forum）等发起的全球科学计划，旨在加强自然科学与社会科学的沟通与合作，为全球可持续发展提供理论、研究手段、技术与方法。亚洲作为当今世界最具发展活力和潜力的地区，但受全球气候变化以及人类活动的影响，洪旱灾害、水资源短缺和水质性缺水、生态系统功能障碍、沿海湿地消失等问题尤为突出，给地区经济和社会发展带来巨大挑战，亟须探索未来可持续发展之道。

　　此次首批启动的中泰合作研究项目群共 5 个项目，研究期限为 4 年。通过竞争性自由申请和专家评审，来自清华大学、中国科学院地理科学与资源研究所、中国科学院城市环境研究所、中国地质大学（北京）等中国科研机构与来自蓝康恒大学、亚洲理工学院、玛哈沙拉堪大学、清迈大学等泰国科研机构组成的研究团队获得了首批项目资助。该项目群将围绕气候变化下流域水文过程及水文通量变化、人类活动影响下流域生物地球化学过程响应机制、流域水灾害风险影响评估及其适应性流域管理对策、流域物质循环的生物地球化学过程及水环境效应、气候和土地利用变化对流域水量和水质的影响等关键科学问题，对中国九龙江、泰国昭披耶河和穆河等典型热带－亚热带流域展开比较研究。

　　中泰流域科学与可持续管理合作计划将进一步夯实中泰合作发展的根基，促进中泰科技交流合作与资源共享，增强创新能力，为中泰两国培养一批青年科技人才，提升两国科学研究的国际影响力。该计划体现了两国开放合作、包容发展、互利共赢的价值理念，将为中国与"一带一路"沿线国家开展科技合作与研究提供示范。

2.4　老　挝

2.4.1　概　况

　　老挝人民民主共和国位于亚洲东南部、中南半岛北部，面积 23.68 万 km^2，是中南半岛唯一的内陆国家。受内陆国家的地理限制，近年来老挝非常重视国内交通基础设施建设，从"路锁国"变成"路联国"成为老挝国家发展的重要战略之一。从地貌特征来看，老挝的总体地形可概括为北部山地、东南部高原、西南部平原低地和西部低山丘陵，山地高原占国土面积的 2/3。老挝境内河流众多，以湄公河及其支流为主，多为由北向南或自西向东流淌，森林覆盖率约为 52%，是著名的"森林之国"。由于自然资源和水资源丰富，老挝在矿产资源开发和发展水利建设方面具有天然优势，老挝也致力于成为中南半岛的"蓄电池"。从产业发展来看，老挝是一个以农业为主的国家，农林业是老挝国民经济的基础。20 世纪 80 年代中期开始，老挝开始实施革新开放政策。2013 年老挝加入世界贸易组织，工业和服务业开始逐步发展起来，老挝经济呈现良好的发展势头。世界银行《2016 年全球营商环境报告》显示，老挝 2016 年排名 134，比 2015 年前进 5 名，人均国民收入为 1 600 美元，是最不发达国家。老挝的第八届国会二次会议将 2017 年经济增长目标定为 7%，到 2020 年平均经济增速定为 7.2%，人均国民生产总值在 2020 年达到 2 978 美元。老挝、中国双边经贸关系密切，两国政府和民间交往日益密切。一方面，老挝和中国都是社会主义国家，在彼此的发展道路上相互帮助和学习，这种兄弟般的关系给两国关系注入了亲情色彩；另一方面，中国与老挝的贸易和投资近年来出现了较为强劲的发展势头，特别是 2013 年中国提出"一带一路"倡议以来，老挝作为沿线国家是中国重点合作伙伴。目前，中国是老挝最大的援助国和最大的投资来源国。

老挝北邻中国，南接柬埔寨，东界越南，西北达缅甸，西南毗连泰国。属热带、亚热带季风气候，分为雨季和旱季，5~10 月为雨季，11 月至次年 4 月为旱季，年降水量 1 250~3 750 mm。湄公河从中国流入老挝，是老挝境内最首要的河流。它自北而南穿越老挝全境，长达 1 865 km。旱季时湄公河水量不大，而雨季时水量大增，在某些地段它的水流宽达几十千米。湄公河是老挝交通的大动脉和经济交流的轴心，尤其是与中国和泰国的物资交流。从 12 月到次年 6 月，由于河水水位低，湄公河的有些河段不能通航。

老挝极易受自然灾害影响，包括受频率和强度都在上升的极端天气事件的影响。自然灾害对老挝的影响主要集中在农村地区。全国几乎所有农业系统都容易受到洪灾、旱灾的侵害。由于高度依赖传统农业系统，且小农占主导地位，此类自然灾害的影响愈加具有破坏性。在过去的五年里，老挝受到严重洪灾的影响，热带风暴造成数十万人死亡和数百万元的损失。

2.4.2　相关法律政策

老挝在灾害管理方面的法律政策相对比较健全，既包括国家层面，也包括省级及地方层面，且有较强的规划性。早在1996年老挝政府就推行了"老挝政府发展项目1996—2000（the Lao Government Development Program from 1996 to 2000）"，该项目的目标是消除国内的赤贫，自然灾害预防是该项目的工作重心。

2001年，老挝的灾害管理政策开始将灾后救灾减灾与备灾预防活动联系起来，尝试建立起综合的可持续发展的防灾、备灾、减灾、自然人为灾害恢复体系。

2.4.2.1　国家灾害管理行动计划（NDMAP）

2003年，老挝政府提出了"国家灾害管理行动计划（National Disaster Management Action Plan，简称NDMAP）"，确立了2001—2005年、2005—2010年和2010—2020年的三个阶段的灾害管理计划及目标，2020年完成的"战略计划"目标旨在建立一个更安全、更有弹性的国家，制定出相关的灾害管理计划、政策、法律，完善相关基础设施，确保及时协助灾区受影响的人口。

计划的主要内容包括灾害管理项目、培训和预防等三个方面。

1. 项目开发

继续推进已有的灾害管理计划；

组织教育计划，推动民众了解灾害的原因；

协调灾害管理部门和其他组织的项目。

2. 教育培训

制订政府和公共部门的培训计划；

协调备灾模拟练习。

3. 灾害防范和响应改善

为每个组织设立协调中心和联系人，促进灾害管理机构之间的协调；

组织有效的预警系统，确保及时向基层群众传播预警信息；

建立区域和省级的备灾存储设施，在灾后重建时有效分配资源；

建立救援和应急小组；

建立灾害管理信息中心。

2.4.2.2　国家灾害管理计划草案（2012—2015 年）

在《兵库行动框架》的基础上，老挝政府颁布了"2012—2015 年国家灾害管理计划草案"。

2.4.2.3　立法

目前全国减灾和灾后恢复设施（GFDRR）正在推进水文气象服务法律框架的制定。

2.4.3　相关组织机构

老挝人民民主共和国是由老挝人民革命党领导的一党执政社会主义共和国，该党派也是老挝唯一合法的政党。政府部门包括总统、国民议会、政府内阁和司法体系。总理领导并管理政府职能部门和相关事务组织。国家层面总理和部长及省区的灾难管理委员会三者领导权的结合，对于全国灾难管理工作的成功有着极为重要的作用。

2.4.3.1 国家灾害管理委员会（NDMC）

在国家层面，老挝由国家灾害管理委员会（NDMC）和全国防灾委员会（NDPC）两个组织协调和管理灾害，但 NDMC 是事实上的核心管理机构。NDMC 成立于 1999 年，包含了省、区、村级别的灾害管理机构，委员会中既有政府机构也有非政府机构。

2011 年，NDMC 更名为国防部长主持的国家防灾控制委员会（NDPCC）。NDPCC 包含政府和非政府代表机构，其中老挝青年联盟和老挝妇女联盟、老挝红十字会、联合应急行动小组 3 个非政府组织在基层灾害管理中发挥着重要作用。NDPCC 的秘书处为国家灾难管理办公室（NDMO），主要负责制订全国救灾行动国家灾害应急预案以及战略政策协调工作。

老挝灾害管理构架见图 2-3。

2.4.3.2 PDPCC（省级）

按照"国家计划"的规定，要求省政府建立由省长担任主管的省级灾害管理委员会（PDMC）/省级防灾委员会（PDPCC）。PDMC/PDPCC 成员由公共部门，警察和武装部队、民间社会组织、企业界、宗教组织、省和老挝红十字会的备灾和应对利益攸关方组成。PFPU 是省级的协调小组。

2.4.3.3 VDPU（基层社区）

基层社区灾害管理和人道主义援助单位（VDPU）是灾害管理组织的基层组织，由村领导负责领导，但是目前只有少数基层社区建立了该机构。

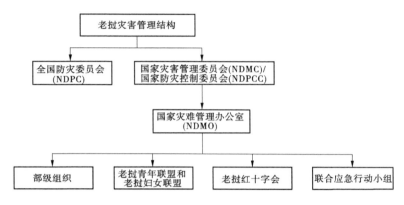

图 2-3　老挝灾害管理构架

2.4.4　预警体系

老挝预警系统由农业和林业部（MAF）负责。MAF 下属的内水资源与环境管理局（WREA）负责水文气象预警，MAF 下的洪水与干旱委员会发布有关洪灾和干旱农业影响的预警。此外，湄公河委员会（MRC）在监测湄公河水位、发布预测和促进跨境信息交流方面发挥重要作用。

2.4.5　灾难救援

军队在老挝的灾难救援中发挥着关键作用。作为 NDMC/NDPCC 主席，国防部长负责监督国家重大灾害管理委员会工作。军队负责准备和训练陆上、海军和空军的灾害应急救援行动部队，但是军费的不足限制了军队的灾难救援能力。老挝的军事人员有 2.9 万人，准军事人员有 10 万人，但是老挝的军费在 2012 年仅有 2 200 万美元。

2.4.6　与中国的减灾救灾合作

2.4.6.1　两国合作概况

中国是老挝重要的投资来源国、重要的援助国以及重要的发展经验分享国。老挝 1986 年实行了经济体制改革，紧接着实行了全面对外开放政策，形成了目前的经济体制：以生产资料公有制为基础，多种经济成分并存；价格由市场决定；多劳多得、奖勤罚懒；合理分配和再分配各种收入。老挝基本建立了适合经济发展的管理模式的市场经济体系，近年来国民经济有了突飞猛进的发展，提高了人民的生活收入水平，为吸引外资提供了适宜投资的宏观经济环境。2013 年，老挝成为世界贸易组织第 158 个正式成员国。老挝将中国经济的快速崛起和国际地位的日益提升，视为自身经济发展的重要机遇。老挝不仅重视学习中国的发展经验，也非常倚重中国对老挝的投资和援助。老挝经济发展需要加强基础设施建设，通过基础设施互联互通打破内陆国家的地理劣势，从"路锁国"变成"路联国"。

2013 年中国提出的"一带一路"倡议和老挝的发展战略具有高度的契合性。从中国西南的昆明出发，若干条正在规划和建设中的铁路将经越南、老挝、柬埔寨、缅甸、泰国、马来西亚，形成东、中、西三大国际铁路，最终抵达新加坡，将中国与整个东南亚国家紧密地联系在一起。泛亚铁路的中线就是中国、老挝、泰国国际铁路大通道。老挝政府办公厅副部长、国家农村发展与消除贫困委员会副主席苏万那拉（H.E.SomsanithSouvannalath）认为，共建"一带一路"对中国和东盟农村减贫是一个非常好的机遇。他表示，正在建设的中老铁路项目，极大地带动了老挝经济社会发展，加强区域合作，特别是加快了老挝农村地区发展和消除贫困。电力、农业、工业和社会发展是老挝经济发展的重要依托，中国在这些领域对老挝的援助和投资都在持续增加。在电力合作方面，老挝具有丰富的水力发电资源，是东南亚的"蓄电池"。但是，电力的出口需要一系列输变电设施建设及配套人才和技术的培养，短期内难以依靠老挝自身的力量得以实现，这些现实需求推动了老挝、中国在水电建设领域的投资、援助和技术合作。为了促进老挝工业化发展，老挝还与中国建立了跨边境的磨丁-磨憨经济合作区，以及计划到 2020 年在全国 41 个目标地区建成 10 个经济特区和 29 个经济专区。在农业合作领域，中国帮助老挝改善水利基础设施条件、提高农业生产技术和生产水平、扩大农产品深加工、开展植物病虫害防治技术合作、发展北部替代经济种植等，都已经形成相当可观的经济发展成效。在资源合作领域，中老两国加强钾盐、铜矿、锡矿等领域的开采技术合作，帮助老挝培养相关领域的技术人员。在技术合作领域，除水电等新能源技术合作外，中国还帮助老挝在广播电视、卫星通信等领域加强技术合作。在社会和卫生发展方面，中国对老挝的教育培训、医疗、减灾等领域的援助也在持续增加。总之，一个全面快速发展的老挝，中国的角色和贡献是不可替代的。

2.4.6.2 减灾救灾合作

中国对老挝的援助几乎涉及中国援外的所有 8 类项目，包括成套项目、一般物资、技术合作、人力资源开发合作、援外医疗队、紧急人道主义援助、援外志愿者和债务减免，其中成套项目等"硬"援助是最主要的援助方式。

救灾援助方面，2012 年老挝遭遇严重水灾，中国利用援款为老挝受灾地区捐赠了生活物资，对受灾地区灾后重建工作发挥了重要作用。2013 年，老挝登革热疫情暴发，中国采用紧急外汇援助的方式向老挝政府提供登革热疫病防治工作资金，帮助老挝政府成功完成疫病防控和救治工作。2016 年，为帮助老挝应对 2015 年老挝北部暴发的蝗虫灾害，中国向老挝提供紧急物资项目，包括自走式喷雾机、背负式动力喷雾机、防护服、防护口罩、防护手套、溴氰菊酯乳油等物资，同时还为老挝提供灭蝗虫技术培训。此外，为满足老挝召开国际大型会议的紧急需求，中国利用无偿援助为老挝建设了国际会议中心，项目于 2011 年 9 月竣工，同年 11 月正式移交老挝，帮助老挝政府顺利举办了第 9 届亚欧首脑会议，得到社会各界广泛好评。此外，在技术援助领域，中国为老挝提供了一系列发展支持；在农业领域，中国帮助老挝改善水利基础设施条件、提高农业生产技术和生产水平、扩大农产品深加工、开展植物病虫害防治技术合作、发展北部替代经济种植等；在资源领域，中老两国加强钾盐、铜矿、锡矿等领域的开采技术合作，帮助老挝培养相关领域的技术人员；在能源领域，中国企业帮助老挝进行水电项目、电网、煤资源开发、新能源和可再生能源的技术开发和利用。此外，中国还帮助老挝在广播电视、卫星通信等领域加强技术合作。

中国的一些基础援助也对老挝的民生产生了重大影响。例如，由广东水电三局承建的万象省南梦三水利灌溉项目一期工程 2013 年竣工，水库总库容达 1 087 万 m^3，灌溉面积达到 2 040 hm^2；二期工程有望灌溉面积达到 8 000 hm^2，是中国政府援建的第一个灌溉项目，堪称样板项目。南梦三水库以农田灌溉为主，实际发挥了防洪、灌溉、旅游三个方面的综合效益。中国援助的水利系统把水引到了"家门口"，单季稻变成了双季稻，家家户户还种上了蔬菜等经济作物，养起了鸡鸭、猪羊，卖到万象市场，受益地区的农民收入已经翻了一番，人均年收入从 960 美元提高到 1 700 美元。根据中老两国政府的经济技术合作协议，目前中国在老挝投资和计划投资建设的水利灌溉工程总额近 3 亿美元，灌溉面积可达近万公顷。

2.5　缅　甸

缅甸，国名全称缅甸联邦，位于亚洲中南半岛西北部，地处 $9°58'N \sim 28°31'N$ 和 $92°20'E \sim 101°11'E$。北部和东北部与中国毗邻，东部和东南部与老挝和泰国相连，西南濒临印度洋的孟加拉湾和安达曼海，西部和西北部与孟加拉国和印度接壤，海岸线长 2 832 km。

缅甸形状呈长菱形，南北最长约 2 050 km，东西最宽约 850 km，全国面积 67 658km²，是中南半岛上最大的国家。

缅甸北部和东北部与我国西藏自治区和云南省接壤，东部和东南部与老挝和泰国为邻，西部和西北部与孟加拉国和印度毗连，西南部濒临印度洋的孟加拉湾和安达曼海。与邻国的陆地边界线总长约 6 000 km，其中与中国的边界线长约 2 100 多 km。

缅甸地形三面环山，一面临海；中间为平原地区。北部是喜马拉雅山山脉，西部是若开山脉，东部是掸邦高原，中央和伊洛瓦底江三角洲为平原。整个地形北高南低，犹如一个大斜坡。境内江河众多，湖塘遍布。首要河流有伊洛瓦底江、萨尔温江和锡唐河。伊洛瓦底江是缅甸第一大河，源于中国青藏高原的察隅地区，自北向南流贯缅甸全境，注入安达曼海，是缅甸民族的摇篮和缅甸文化的发源地。

萨尔温江是缅甸第二大河，源于中国西藏高原唐古拉山南麓，上游为中国的怒江，在缅甸境内长约 1 660 km。锡唐河源于掸邦高原，注入莫达玛湾，全长 560 km。缅甸著名的湖泊是掸邦的茵丽湖，面积约 67 平方英里（1 mi = 1.609 344 km）。茵丽湖四面青山环抱，湖水清澈见底，风光秀丽，素以"高原蓝海"著称。尤其是世代居住在茵丽湖上的茵丽人用脚划船的独特习俗，湖中的"水上人家""水上集市""水上园田""水上佛塔"

等更使观光旅游者流连忘返。

2.5.1　灾害及管理概况

缅甸自然灾害并不多发，但是由于经济和灾害管理体系的不足，灾害带来的伤亡和损失却非常大。据统计，缅甸在 1993—2012 年，共遭遇气候灾害 38 起，由此导致的经济损失占其 GDP 的 1.2%。灾害带来的死亡人数每年高达 7 135.90 人，相当于每 10 万居民中每年就有 13.51 人因为气候灾害而死亡。这在全世界所有国家中是最高的。

2014 年，知名智库"德国监测"（German Watch）发表的《2014 全球气候风险指数》报告指出，在分析了从 1993 至 2012 年这 20 年数据的基础上，发现全球最容易受与气候（主要指台风、洪水和酷热等）相关灾害影响的国家中，洪都拉斯、缅甸和海地分处前三位。其中，缅甸在亚太地区成为气候风险指数最高的国家。

根据 2016 年自然灾害损失指标，缅甸在自然灾害损失中位列全世界第 9。在 1991—2015 年的 25 年内，缅甸共发生过 24 次自然灾害，遇难人数达 400 万左右，损失金额达 47 亿美元。其中，2008 年发生的"纳尔吉斯"风灾，造成缅甸数十万人遇难。

根据联合国减少灾害风险名单（UNISDR），在全球因自然灾害死亡最多的国家名单中，缅甸排在前三名，中国则排在缅甸之后。根据名单，缅甸在过去 20 年内因自然灾害遇难的人数达 13 万。

缅甸主要自然灾害类型是台风、洪水、滑坡、地震和海啸，台风发生时间基本分布在 5—11 月，与缅甸雨季重合，一旦有台风发生，往往随之带来的是风暴潮、大雨、洪水、滑坡等灾害。据 EM-DAT 提供的 1900—2013 年自然灾害统计，缅甸自然灾害发生频率为每年 0.48 次；另外瑞士再保险公司 SIGMA 数据统计显示，2005—2014 年缅甸重大自然灾害发生频率达到每年 1.4 次。

缅甸近年造成较大伤亡的自然灾害有 2008 年 5 月的"纳尔吉斯"风灾和 2015 年 7 月的洪灾。

2008 年 5 月的"纳尔吉斯"风灾重创了缅甸伊洛瓦底江三角洲地区，共造成包括缅甸、孟加拉国等国家 13.8 万人遇难，约 150 万人无家可归，这也成为缅甸历史上最严重的自然灾害。由于对"纳尔吉斯"风暴反应迟缓，缅甸政府招致了广泛的批评。

2015 年 7 月，进入雨季的东南亚大量降雨，在缅甸、越南、泰国等国引发了洪灾，洪水肆虐考验着东南亚的减灾体系。缅甸受灾面积之广、灾民人数之多为近 40 年来罕见，14 个省邦市中有 12 个遭受不同程度的暴雨和洪水袭击，数十万英亩（1 英亩 = 0.404 686 公顷）农田被淹，很多道路也都被洪水淹没，已导致至少 47 人丧生，逾 21 万灾民急需粮食、衣物和帐篷。受灾最为严重的实皆省 17 个镇区的 400 多个村庄，有 116 500 英亩农田被淹，多人死亡，上万民众失去家园。

2008 年以后，缅甸开始加速自然灾害的管理治理工作，在灾害管理政策、计划和程序方面取得了相当一部分进展。但是由于资源的缺乏，整体进程比较缓慢，因此缅甸政府积极寻求国际援助。

2.5.2 相关法律法规

缅甸的灾害管理指导原则是"国家灾害管理法"。"国家灾害管理法"包括设立灾害管理机构及其职责的规定，包括关于要求武装部队提供搜救行动援助，灾害安全等方面的规定，向受灾群众提供更广泛的援助。它还规定与外国及其他区域和区域的合作与联系。在缅甸的灾害相关法律和政策中，军队的核心作用得到了很好的阐述，但多数与灾害有关的法律和政策仅适用于自然灾害，而不适用于缅甸持续存在的地方冲突情况。

2.5.3 相关组织机构

缅甸灾害管理的核心部门为救灾和安置部（MSWRR），其次为内政部（MoHA），缅甸武装部队、外交部和卫生部与其他部门就相关工作进行配合。经过多次废除和重建之后，缅甸中央委员会下属缅甸国家自然灾害管理中央委员会（NDMC）于2017年再次重建。该中央委员会未设秘书处，社会福利、救济和安置部（MSWRR）发挥秘书处作用，主要功能包括协调和支持国家级防灾工作委员会，灾害援助和灾难管理训练。

目前，国家自然灾害管理中央委员会（NDMC）下设 12 个工作委员会，而社会福利、救济和安置部（MSWRR）辖下分为两个部门，分别为社会福利署（DSW）、救灾和移民安置部（RRD）。DSW 负责履行缅甸公民的社会需求，RRD 负责按照国际规范和标准进行灾害管理活动。RRD 受东盟灾害管理委员会（ACDM）的重点关注。社会福利、救济和安置部计划设立紧急行动中心（EOC），主要负责及时响应救灾管理。

缅甸灾害管理构架见图 2-4。

2.5.4 相关教育培训

缅甸建立了灾害管理培训中心（DMTC），旨在提高人民灾害管理能力，气象和水文部门（DMH）以及教育部（MOE）是主要的灾害相关教育部门。

2.5.5 预警系统

缅甸政府一直致力于通过国家气象和水文部门（DMH）提高预警能力，其主要职责是向上级提供预警，建立灾害管理沟通

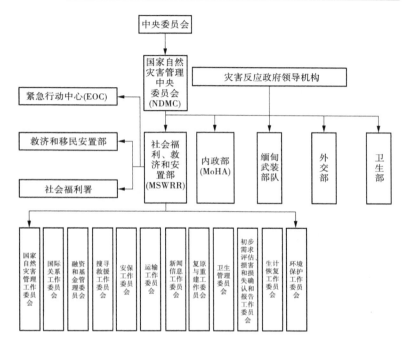

图2-4 缅甸灾害管理构架

预警系统。

2.5.6 灾难救援

缅甸救济和移民安置部（RRD）是负责救灾安置的主要政府机构，该部门同缅甸其他政府机构、联合国机构、国际非政府组织、地方非政府组织等均有合作。

2.5.7 基层社区灾害风险管理

由于财政资源有限，缅甸基层社区灾害风险管理（CBDRM）计划主要集中在少数几个地区。但是政府希望积极推动这一工作。

2.5.8　救灾案例

2.5.8.1　2008 年热带风暴纳尔吉斯

1.受灾情况

2008 年 5 月 2 日，热带风暴纳尔吉斯袭击了缅甸伊洛瓦底江三角洲，造成大面积毁灭性的破坏。有关数据显示，纳尔吉斯最高时速超过 190 km，是北印度洋盆地有记录以来最具破坏力的热带风暴，造成约 14 万多人死亡或失踪，8 万多人无家可归。据估计，伊洛瓦底省和仰光区 1/3 人口都受到了影响。风暴毁坏了缅甸主要渔业和农业产区，包括当地主要基础设施，直接经济损失约有 40 亿美元，占缅甸当年国内生产总值的 2.7%。

2.应对措施

灾害发生后，缅甸政府仅接受了周边国家的一些双边援助，迟迟不允许大多数的国际救援物资和人员进入缅甸实施救援。随着灾情被越来越多地披露出来，灾害援助的需求也更加显现出来，一些国家甚至提出要在没有缅甸政府同意的情况下，强行向灾民发放一些能够临时救命的物资。

5 月 19 日，东盟外长紧急会议在新加坡举行，决定成立东盟领导的协调机制。缅甸同意与东盟协调救灾工作，接受更多救灾物资并运往灾区。当天，由东盟成员国的政府官员、灾害管理专家和非政府组织组成的东盟应急快速评估小组（ERAT）进入缅甸，成为第一个被允许在缅甸开展工作的国际救援团队。

东盟应急快速评估小组帮助"促进了国际社会救援资金的分配和使用，包括快速和有效部署救援人员，特别是卫生和医疗人员"。此后，东盟秘书处在专家会议机制的建议下，借鉴印度尼西亚 2004 年印度洋海啸后重建工作的经验，在缅甸灾后重建中发挥了较大的促进作用。

东盟还建立了一个为期两年的东盟人道主义任务小组（AHTF），实行双层管理制度。东盟人道主义任务小组总共有22名成员，2名来自东盟秘书处，其中，东盟秘书长作为主席，东盟每个成员国派2名官员参加，1名为高级外交官，1名为技术专家。

2008年5月25日，东盟人道主义任务小组举行首届会议后，在仰光建立了第二级机构三方核心小组（TCG），总共9名代表，来自东盟、缅甸和联合国各3名，由缅甸1名副外长担任主席。三方核心小组在初期获得了一定程度的成功，例如，它推动缅甸政府在紧急救援阶段向大约4 000名人道主义工作人员颁发签证。救援人员的签证申请、延期和旅行许可都是通过三方核心小组快速通道办理的，其他的程序性和行政问题，包括汇率和税收问题也都得到了处理。东盟还和缅甸及国际伙伴国进行合作，建立监测灾后恢复进程的标准检查程序。

2008年6月8日，后纳尔吉斯联合评估机制（PONJA）成立，由缅甸、联合国、国际和地区非政府组织、缅甸红十字会、私营企业的工作人员和志愿者组成。评估机制分为32个小组，300多人用10天时间对灾区进行了评估，发表的需求评估结果报告成为评估热带风暴造成影响的主要官方文件。此外，亚洲开发银行和世界银行也参与了救援。为了更好地引导灾后恢复和重建工作，三方核心小组推动制订了《后纳尔吉斯重建和备灾计划（PONREPP）》，提出了2009—2011年的三年恢复战略。为了推进信息分享和评估进程，三方核心小组设立了包括东盟和联合国工作人员的三个协调机制：恢复和重建论坛侧重于战略和政策，恢复和重建协调中心为业务层面上的技术协调单位，恢复中心负责现场工作。随着这些新机制的建立，联合国的一些协调机构逐渐退出了三方核心小组。

2.5.8.2　2015 年洪灾

1.受灾情况

2015 年 7 月，进入雨季的东南亚大量降雨，在缅甸、越南、泰国等国引发了洪灾。缅甸受灾面积之广、灾民人数之多为近 40 年来罕见，14 个省邦市中有 12 个遭受不同程度的暴雨和洪水袭击，数十万英亩农田被淹，很多道路也都被洪水淹没，已导致至少 47 人丧生，逾 21 万灾民急需粮食、衣物和帐篷。受灾最为严重的实皆省 17 个镇区的 400 多个村庄受灾，有 116 500 英亩农田被淹，多人死亡，上万民众失去家园。

2.缅甸政府应对措施

缅甸总统吴登盛 7 月 31 日正式宣布实皆省、马圭省、若开邦和钦邦等四省邦因遭受自然灾害而进入紧急状态，并多次前往灾区，亲临一线指挥抗洪救灾。缅甸国家救灾委员会投入运作，统筹协调全国救灾行动。缅甸卫生部在全国范围大规模发放药品和消毒用品，缅甸的多家私营航空企业也针对救灾物资提供了免费运输服务。

3.中国援助措施

缅甸洪灾发生后，中国驻缅甸大使馆第一时间迅速采购了一批价值 30 万美元的食品、生活用品和衣物等灾区急需物资分别运往缅甸受灾最为严重的实皆省、若开邦和马圭省，成为此次洪灾中第一个向缅方提供援助的外国使团。

中国民政部国家减灾中心自 2015 年 8 月 1 日起，持续向缅甸相关部门提供卫星遥感图像和专家评估报告。中国气象局组织国家气象中心、国家气候中心和国家卫星气象中心就缅甸暴雨形势进行了预报和评估，并形成相关报告。

2015 年 8 月 15 日，洪灾紧急援助物资 100 艘冲锋舟（100 sets of Assault boats）运抵仰光机场，这批冲锋舟价值 1 000 万元人民币。缅方随即交由内政部消防总队分发给受灾严重的若开邦、伊洛瓦底省、克钦邦等省邦用于抗洪抢险，在救灾工作中发挥了重要作用。

2015 年 9 月 30 日晚，第二批紧急援助物资（second batch of emergency relief supplies）运抵仰光机场，包括水泵（water pump）、药品（medicine）、救生衣（life jacket）、急救包（first aid kit）和蚊帐（mosquito net）等，价值 2 000 万元人民币。

2016 年 2 月 20 日，1 160 套活动板房（1 160 sets of assembled board houses）运抵仰光港，价值 3 000 万元人民币。

云南省政府和地方政府先后共向缅甸援助价值约 1 770 万元人民币的各项物资，包括镀锌板（galvanized corrugated plate）、帐篷（tent）、活动板房（assembled board houses）、药品（medicine）、大米（rice）等。广西向缅方提供 500 万元人民币现汇援助。中国−东盟博览会秘书处也提供 10 万元人民币捐款。

中国企业商会两次组织会员赴缅甸受灾严重的实皆省和马圭省赈灾，送去了当地灾民急需的食物、饮用水、生活用品等援助物资。截至 2015 年 9 月，在缅中资机构就对缅洪灾捐助累计金额超过 2.84 亿缅元。中缅友好协会促成两批中国蓝天救援队共 31 名队员来缅甸开展救援活动，成为洪灾发生后第一支来缅甸开展救援活动的国际救援队伍。

中国持续向缅甸提供治理协助，包括伊洛瓦底江在内的流域管理。中国通过多维度的政策输出协助缅甸实现更好的发展。

2.6 柬埔寨

柬埔寨位于中南半岛南部，领土面积 18.1 万 km^2，20% 为农业用地，海岸线长约 460 km。全国最南端至西边区域地处热带区域，北方以扁担山脉与泰国柯呖交界，东边的腊塔纳基里台地和 Chhlong 高地与越南中央高地相邻。西边是狭窄的海岸平原；

面对暹逻湾的西哈努克海。扁担山脉在洞里萨流域北边，由泰国的柯叻台地南部陡峭悬崖构成，是泰国和柬埔寨国界。柬埔寨中部和南部是平原，东部、北部和西部被山地、高原环绕，大部分地区被森林覆盖。豆蔻山脉东段的奥拉山海拔 1 813 m，为境内最高峰。

湄公河在境内长约 500 km，流贯东部。洞里萨湖是中南半岛的最大湖泊，低水位时面积 2 500 多 km²，雨季湖面达 1 万 km²。沿海多岛屿，主要有戈公岛、隆岛等。

柬埔寨属热带季风气候，年平均气温 29~30 ℃，5—10 月为雨季，11 月至次年 4 月为旱季，受地形和季风影响，各地降水量差异较大，象山南端可达 5 400 mm，金边以东约 1 000 mm。

柬埔寨是传统农业国，工业基础薄弱，依赖外援外资。人口 1 400 万，贫困人口约占总人口的 14%。实行对外开放和自由市场经济政策。柬埔寨政府执行以增长、就业、公平、效率为核心的国家发展"四角战略"（农业、基础设施建设、私人经济、人力资源开发）的第三阶段。2016 年全年经济增速 7%，人均国内生产总值 1 300 美元，通胀率为 2.8%。

农业是柬埔寨国民经济第一大支柱，处于举足轻重的地位。尽管存在基础设施和技术落后、资金和人才匮乏、土地私有制问题等制约发展的因素，但柬埔寨农业资源丰富、自然条件优越、劳动力充足、市场潜力较大、农业经济效益良好。此外，柬埔寨历届政府都高度重视农业发展，将农业列为优先发展的领域，竭力改善农业生产及其投资环境，充分挖掘潜力，发挥优势，开拓市场。柬埔寨农业发展前景广阔。2010 年农业产值为 38.3 亿美元，占柬埔寨 GDP 的 33.5%。其中，水稻种植占农业产值的 53.8%，渔业占 27.3%，畜禽养殖占 12.8%，林木业占 6.1%。2010 年稻谷可供出口 380 万 t，折合大米约 240 万 t。天然橡胶种植面积 18 万 hm²，产量 4.6 万 t。木薯种植面积 21 万 hm²，产量 378 万 t。

2010 年，工业产值占柬埔寨 GDP 的 21%，结构单一，以成衣农业为主（占 GDP 的 8.7%，出口占柬埔寨总出口的 84%），具有自主研发和制造能力的产业尚属空白。柬埔寨全国有纺织服装厂 500 余家（基本是外资），提供就业岗位近 40 万个。纺织制衣业既是柬埔寨工业的支柱，又是柬埔寨提供就业、消减贫困、保持社会稳定的主要力量。

2.6.1 灾害及管理概况

柬埔寨是亚洲最易发生自然灾害的国家之一，洪灾和旱灾是最主要的自然灾害，此外柬埔寨还受到台风的影响。湄公河在境内长约 500 km，流贯东部。5—10 月为雨季，11 月至次年 4 月为旱季。柬埔寨属世界上最不发达的国家之一，是传统农业国，工业基础薄弱。柬埔寨政府实行对外开放的自由市场经济，推行经济私有化和贸易自由化，将发展经济、消除贫困作为首要任务，自然灾害治理也是其社会发展的重点关注领域。

国家灾害管理委员会（NCDM）是柬埔寨自然灾害应对和管理的国家最高领导机构，负责灾害应急准备和救援，以及和国际机构的救援协调。柬埔寨红十字会（CRC）是 NCDM 官方指定的灾害救援的主要合作机构。柬埔寨皇家部队（RCAF）也在柬埔寨抗灾救灾方面起着非常重要的作用。

2011 年，柬埔寨政府颁布了《灾害管理法》（Law on Disaster Management），指导自然灾害中的预警、响应、作战和恢复重建工作。

柬埔寨政府正在努力加强管理灾难能力，包括将减少灾难风险的知识融入教育、卫生、农业和水源等领域，而管理灾害的项目也已纳入 2014—2018 年发展国家策略。

提升基层社区减灾、防灾、备灾的能力是目前柬埔寨自然灾害管理工作的重心，在联合国和 NGO 等组织的协助下，NCDM

正努力推进对地方政府和群众的相关培训。

　　柬埔寨缺乏必要的人力资源和资金推动减灾备灾计划，因此柬埔寨政府在自然灾害治理管理方面积极寻求国际协助与合作，也积极在东盟等区域合作框架内进行减灾备灾合作。

2.6.2　相关法律法规

　　柬埔寨灾害管理相关的法律法规还很不完善，尽管目前已经颁布了"灾害管理法"和"减少灾害风险国家行动计划2008—2013"，但是整体上相关的制度环境依然很薄弱。

2.6.2.1　灾害管理法

　　2011年，柬埔寨政府颁布了"灾害管理法（Law on Disaster Management）"，指导自然灾害中的预警、响应、作战和恢复重建工作。

2.6.2.2　减少灾害风险国家行动计划（2008—2013）

　　在"兵库行动框架"的基础上，NCDM和规划部（Ministry of Planning，简称MOP）制订了"减少灾害风险国家行动计划2008—2013（Strategic National Action Plan for Disaster Risk Reduction 2008—2013，简称SNAP-DRR）"，确立了以下的自然灾害管理目标：

　　（1）提升公众的灾害风险意识；

　　（2）为国内减灾措施提供全面的指导框架；

　　（3）将减灾纳入政府发展规划，为减灾创造有利的政策和项目环境；

　　（4）加强灾害管理利益攸关方的协调配合；

　　（5）提高减灾资源的配置和利用效率；

　　（6）向捐助者提供支持，将减少灾害风险纳入政府的优先工作事项。

2.6.3　相关组织机构

国家灾害管理委员会（NCDM）是柬埔寨灾害管理的核心机构，由内阁直接管理，负责灾害应急准备和救援，以及和国际机构的救援协调。NCDM具有协调国家和国家以下各级应急管理机构的职能以及促进国家灾害管理相关立法的职责，是柬埔寨事实上的灾害管理最高机构。柬埔寨灾害管理从国家层面到社区层面均有涉及，从NCDM向下，逐渐形成了柬埔寨的灾害管理机构机制。

柬埔寨灾害管理由NCDM统辖，下设执行委员会，由总秘书处具体执行，各职能部门归属秘书处管理，最后国家各个部委协助各部门进行灾害管理工作。

目前NCDM下设各个部门，分别为管理和金融部门、信息和关系部门、应急反应和灾后重建部门、预防和培训部门，以及搜寻救援部门，见图2-5。此外，柬埔寨红十字会是NCDM救灾活动的重要外部伙伴。

2.6.4　相关教育和培训

柬埔寨目前通过与其他国家的联合行动进行相关人员的灾害应急培训，泰国和柬埔寨于2012年举行了第一次双边人道主义援助/灾害应急行动，40名柬埔寨军人加入泰国联合工作队进行学习。

2.6.5　预警系统

目前，柬埔寨还没有建立起公共预警系统。

2.6.6　灾难救援

在国家灾后救灾工作中，柬埔寨皇家部队（Royal Cambodian

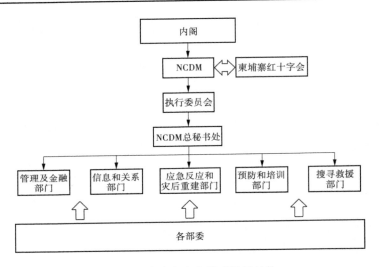

图 2-5　柬埔寨灾害管理组织结构

Armed Forces，简称 RCAF）发挥着重要作用，其主要灾害管理工作是执行救援任务，如沿岸建设堤防、将平民疏散到安全区域、提供安保等。救灾部队包括陆军、海军、空军、特种部队、皇家宪兵队和工程部队。灾害发生时，区域协调机构在地方当局和省级武装部队，包括警方的帮助下，进行搜救活动。

2.6.7　基层社区灾害风险管理

2014 年，亚洲开发银行（ADB）和日本政府向柬埔寨提供 200 万美元无偿援助，加强柬埔寨乡村地区自然灾害的管理，将有 6 省 54 个容易受害的乡村居民受益。

"社区自然灾害风险减少项目"将制订自然灾害应对计划，宣传抗灾救灾知识，号召民众做好防灾措施。通过项目实施加强地方官员的能力，促进非政府组织积极参与。实现从 2015 年起"5 年内减少自然灾害造成的经济损失程度低于 15%"的目标。

2.6.8　与中国的减灾救灾合作

2.6.8.1　中柬两国军队人道主义救援减灾联合训练

2016 年 12 月，中柬两国军队开展了人道主义救援减灾联合训练。参加此次联合训练的兵力共 377 人，其中中方 97 人、柬方 280 人。

在为期 16 天的联训中，中柬两军以某地发生洪涝灾害后开展人道主义救援减灾为背景，按经验交流、实兵课目合训、指挥所训练和综合演练 4 个内容进行训练。其中，经验交流由中方从非战争军事行动能力建设和训练两个方面交流经验做法，柬方交流的课题为水上救援和消防救火；实兵课目合训采取中柬双方混合编组、交叉训练的方式组织，包含人工扫雷、堤坝加固、水上救护、道路抢修、桥梁架设和灾民安置 6 项课目；指挥所训练采取室内推演的方式，演练营级指挥所救灾行动的筹划准备和组织实施；综合演练根据某地发生洪涝灾害的情况而定，中柬联合救援分队实施快速机动和抢险救援行动。

2.6.8.2　中国帮助柬埔寨建国家地理信息数据库

2017 年 4 月，柬埔寨和中国签署"国家地理信息产业合作框架协议"，中方预计在几年内尽快帮助柬埔寨建成国家地理信息数据库。建成的国家地理信息数据库将为柬埔寨的经济、社会发展，改善民生，以及环保、防灾、减灾等各方面提供基础的地理信息服务。

项目的资金来源于两个方面，一个方面将由中国和联合国合作的发展中国家地理信息管理基金来支持，另一个方面由中国的天地图国际公司来支持。

工程首期规划为 3 年，柬埔寨国家地理信息数据库建成以后，将为柬埔寨的人口统计、农业土地规划、防灾、减灾等各个方面提供地理空间信息数据库服务的支持。

2.6.8.3　海洋地学与海岸带地质灾害合作

2016 年 6 月，中国地质调查局与柬埔寨矿产资源总局在成都进行了会谈，将海洋地学合作纳入了中–柬地学合作谅解备忘录中。根据合作谅解备忘录，双方将积极筹划海洋地学合作协议的内容。2016 年 9 月，在中国–东盟矿业合作论坛期间，青岛海洋地质研究所与矿产资源总局地质局进行了会谈，双方就中–柬海洋合作协议的内容进行了进一步沟通，并讨论了 2017 年中柬双方合作事项及互访计划。2016 年 9 月底，中国地质调查局在中国广州举办了"中国–东盟–CCOP 海洋地学能力建设与减灾防灾学术研讨会暨技术培训班"，青岛海洋地质研究所和柬埔寨矿产资源总局地质局进一步细化了"中–柬海洋地学与海岸带地质灾害合作协议"的基本内容及签订时间。2017 年 3 月，在缅甸举行的 CCOP 指导委员会会议上，中柬双方共同确定了合作协议的文本。

2.7　六国防灾减灾机制对比分析

一个国家的防灾和减灾措施与本国的经济发展水平密切相关，在湄公河流域各国中，泰国、越南的防灾减灾机制最为全面，也最为有效；缅甸、老挝和柬埔寨由于自身政治和经济环境的限制，防灾减灾机制较为薄弱，需要更多地依赖外部资源的协助。

在以上五国中，泰国的防灾减灾制度最为完善，泰国从遭到的灾害损失中吸取教训，一是建立了灾害预警系统，二是在自然灾害易发地区建立灾民援助体系，以做好应对今后可能发生各类自然灾害的准备。

目前，泰国已经建起的灾害预警系统和灾民援助体系均已达到国际水平：

（1）泰国除通过在有关地点设立先进的灾害警报塔、建立海浪测量系统，以及灾后通信联络系统，以争取对灾害进行及时预报外，还非常重视向民众普及有关自然灾害知识，目前泰国教育部门已将海啸等自然灾害知识纳入教科书。

（2）民间力量在泰国灾区重建方面作用非常大，甚至可以在短期内改变遭受损失后的灾区面貌。目前，泰国受灾地区的环境和建筑设施能够在不超过 6 个月的时间内就得到恢复，其中的大多数工作是由民间力量完成的。

（3）当发生自然灾害以后，泰国政府往往会宣布无条件接受国内外援助，同时拨放紧急援助预算，用于在医疗和恢复正常生活等方面向灾民提供帮助。另外，泰国能在很短时间内建立起援助灾区的捐款和物资发放系统。

（4）每次发生重大自然灾害后，泰国卫生部均派出心理医生队伍，向受到心理冲击的灾民提供心理辅导和治疗。

缅甸自然灾害并不多发，但是由于经济和灾害管理体系的不足，灾害带来的伤亡和损失却非常多。缅甸在 1993—2012 年，共遭遇气候灾害 38 起，由此导致的经济损失占其 GDP 的 1.2%。但是灾害带来的死亡人数高达平均每年 7 135.90 人，相当于每 10 万居民中每年就有 13.51 人因为气候而死亡。这在全世界所有国家中是最高的。2008 年 5 月由于对"纳尔吉斯"风暴的救灾反应迟缓，缅甸政府招致了广泛的批评。2008 年以后，缅甸开始加速自然灾害的管理治理工作，在灾害管理政策、计划和程序方面取得了相当一部分进展。但是由于资源的缺乏，整体进程比较缓慢。

3　澜沧江-湄公河流域防灾减灾国际合作现状研究

3.1　世界银行

自 1944 年成立以来，世界银行已从一个单一机构发展成为由五个密切联系的发展机构组成的集团。其使命由最初的国际复兴开发银行促进战后重建和发展，演变为当今的全球扶贫。这五个机构分别是国际复兴开发银行、国际开发协会、国际金融公司、多边投资担保机构和国际投资争端解决中心。

世界银行的项目和业务旨在支持中低收入国家的减贫战略，并在每一个国家特定的社会经济背景下，根据该国的能力和需求对方案进行调整。世界银行还向发展中国家提供低息贷款、无息信贷和赠款，广泛用于包括灾难恢复和风险缓解、教育、卫生、公共管理、基础设施、金融和私营部门发展、农业、环境和自然资源管理投资等各个方面。虽然一直以来世界银行的重点领域是战后恢复和重建，最近它却加大参与在长期减灾工作方面的事务。

世界银行的首要目标是将减灾和适应气候变化的任务，纳入如扶贫战略报告、国家援助战略、联合国发展援助框架和国家适应行动方案等国家发展战略中，从而降低在自然灾害面前的脆弱性。世界银行通过提供分析、技术和操作支持帮助各国减少灾难风险。

世界银行是世界上最大的灾难恢复和风险缓解发展援助提供者。自 1984 年以来，灾害援助占其各种承诺的近 1/10。1996—2007 年，仅国际开发协会就向低收入国家提供了约 120 亿美元的灾害援助。世界银行关注的焦点也越来越多地放在降低灾害风险上，而不仅仅是重建上。

世界银行代表参与捐赠合作伙伴和其他利益攸关的合作伙伴管理全球减灾和灾后恢复机制。该机制根据事前支持为高风险国家提供独特的商业模式从而加快灾害风险的减少，并在灾后提供事后援助加速恢复和减少风险。这样的伙伴关系成功地提升了减少灾害风险可持续发展的形象。

世界银行还建立了一个灾害风险管理的全球专家组，在灾害评估、风险降低、风险转移、保险产品、灾后需求评估和恢复及重建工作等方面，为政府提供优质高效的咨询支持。GET 由世界银行员工及其合作伙伴组织的专家组成，这些专家在灾害风险管理方面拥有全球性专门知识。

3.1.1 湄公河三角洲综合气候韧性和可持续生计投资项目

湄公河三角洲综合气候韧性和可持续生计投资项目（Mekong Delta Integrated Climate Resilience and Sustainable Livelihoods Project，简称 MD-ICRSL）专注于为湄公河三角洲地区提供气候智能规划工具，并通过优化土地和水资源管理办法进而提升当地气候恢复能力。此外，该项目通过扩大对能源效率和清洁能源的投资，从而有助于减少湄公河三角洲及周边地区的碳排放和空气污染物排放。

第一部分，加强监测，搭建信息分析系统。该信息系统为应对预期的大规模环境变化提供了可能，并可实现对应灾建设方面的"智能投资",该系统具体包括以下三部分:①监测系统,加强湄公河三角洲知识库;②加强决策的基础设施和信息系统;③将气候适应能力纳入规划过程的主流。

第二部分,监测与管理三角洲上游洪水,治理上游的洪水为控制三角洲地区洪水问题提供了基础,同时可提高三角洲当地农村的收入并保护高价值资产。

第三部分,管理三角洲河口的盐碱化问题,旨在解决与盐碱侵蚀、海岸侵蚀、可持续水产养殖有关的挑战,提高三角洲沿岸地区居民的生活水平。

第四部分,保护三角洲半岛沿海地区,旨在解决沿海侵蚀、地下水管理,可持续水产养殖面临的挑战,提高生活在 CaMau、BacLieu 和 KienGiang 沿海地区的生活水平。

第五部分,项目管理和实施支持农业和农村发展部(MARD),自然资源和环境部(MONRE),以及规划和投资部(MPI)的项目管理和能力建设。

此外,该项目还关注与当地相关的居民生存问题,主要包括移民安置行动计划(RAP)和少数民族发展规划(EMDP),这是在环境与社会管理框架(ESMF)、移民安置政策框架(RPF)和少数民族政策框架(EMPF)指导下实施的。

3.1.2 湄公河综合水资源管理项目

湄公河综合水资源管理项目(Mekong Integrated Water Resources Management,简称 M-IWRMP)致力于从国家和地方层面建立湄公河综合水资源管理,从而为湄公河下游流域的可持续发展做出贡献。

此项目中,世界银行通过向湄公河委员会(MRC)提供资金支持的形式促进各方对话和实施解决湄公河流域下游跨界水资源管理试点，并整体加强对湄公河下游国家（柬埔寨、老挝、泰国和越南）的水资源综合管理。这一资金支持的主要活动是改善与政府、私营部门、民间协会和当地社区等主要攸关方的沟通，专注于促进水、土地和相关资源的协调发展和管理，在不影响重要生态系统的可持续性的前提下以最大限度地提高经济和社会福利，同时帮助当地建立环境影响风险和灾害风险评估方法。

大型和复杂的流域综合规划方法有助于确保有效管理及公平利用水资源和相关资源，这对于湄公河流域是非常重要的，因此综合水资源管理（IWRM）是湄公河管理流域规划方法的基石。

3.1.3 湄公河三角洲交通运输和防洪项目

湄公河三角洲交通运输和防洪项目对湄公河三角洲地区的362 km 国道和省道进行了升级改造，从本地区最南部城市金瓯市到最北部区南坎区的出行时间因此从过去的 3 小时缩短到现在的 1 小时。如今，救护车可以在金瓯至南坎路段上行驶，向人们提供更快捷的急救服务。目前，金瓯省的首条公交线路把偏远地区与金瓯市连成一体，向人们提供更便捷的交通运输服务。

3.1.4 对口援助老挝

世界银行对口老挝防灾能力建设项目（Lao PDR：Building Resilience to Natural Disasters）旨在通过支持发展分析和选择方案来加强老挝人民民主共和国的财政弹性，以减少国家对自然灾害的财政风险，作为国家灾害风险融资和保险（DRFI）框架的一部分。它还支持对相关接受者执行的信托基金下开展的活动进行监督，该基金的范围更广，旨在通过加强水文气象服务法律框架来提高老挝人民民主共和国政府的灾害风险管理能力加强灾后恢复体系，完善灾害风险融资规划。该项目包括对初步 DRFI 诊断分析的改进；向国家财政部国家储备局提供关于国家灾害基金实施情况的咨询服务，并实施关于设立国家储备基金的新法令。

3.1.5　对口援助缅甸

缅甸洪水评估与恢复计划（Myanmar：Floods Needs Assessment and Recovery Planning）是世界银行在 2015 年 7—8 月的洪灾之后对需求进行的多部门评估，以向缅甸政府提供财政和技术援助，并支持恢复和重建规划。它评估了洪水的社会经济影响，包括经济关键部门的损失；确定和成本优先的恢复和重建规划的需要，并在恢复和重建工作中加强对自然灾害的抵御力原则。灾后需求评估（PDNA）的目标是完成一份详细报告，总结了不同部门的财政和社会经济洪灾影响，并为短期、中期和长期的恢复和重建提供了建议。建立更好的原则和降低风险的方案被纳入，以加强各部门的抵御能力。评估组与 20 多个政府机构和委员会以及众多捐助者协调活动，鼓励所有合作伙伴的投入。PDNA 结果有助于筹集世界银行资助的 2 亿美元资金，其中包括 IDA 危机响应窗口基金和世界银行于 2016 年 7 月批准的国家 IDA 资金用于洪水和滑坡紧急恢复项目。他们还通知了立即响应机制。所有这三种手段都用于支持政府的复苏工作。

3.1.6　相关研究项目的支持

世界银行在湄公河流域防灾减灾的援助还体现在对相关科研项目的资金支持，通过对世界银行专家及第三方研究团队的相应课题项目进行资助也是一种援助形式，如 Disaster risk management in the lower Mekong basin：Development of an open risk modelling framework 等研究。

3.2　联合国

3.2.1　联合国灾害管理机构

联合国作为当今世界最大、最重要、最具代表性和权威的国际组织，其国际减灾合作机制和功能已经得到国际社会的普遍认可，它严格遵守人道主义原则，力求在帮助各成员国积极参与国际减灾合作和有效减少灾害风险方面有所作为。

联合国减灾救灾合作机制由联合国国际减灾战略系统（ISDR）和人道主义事务协调厅（OCHA）制订协调具体的减灾救灾行动计划，并报副秘书长兼紧急救济协调员（ERC）批准，与众多联合国机构协同工作。联合国减灾救灾合作内容众多，部分活动会涉及多个机构。其中，备灾和恢复阶段的国际合作由国际减灾战略系统（ISDR）主导，应灾阶段的国际合作由人道主义事务协调厅（OCHA）主导。联合国基金和方案、专门机构、红十字与红新月联合会以及非政府组织在上述阶段均给予全方位支持。紧急救济协调员同时兼任 OCHA 人道主义执行委员会与 ISDR 主席，并责成经济及社会理事会对减灾救灾合作活动进行监督和协调。经过各机构的多年努力，联合国国际减灾合作已经取得积极进展。

联合国减灾合作运作机制见图 3-1。

3.2.2　联合国减灾合作重点领域

联合国在世界减灾大会通过的《2005—2015 年兵库行动纲领：加强国家和社区的抗灾能力》（简称《兵库行动纲领》）中确立了协调人道主义救灾援助、交流研究结果与经验教训、转让减灾知识与技术、促进减灾框架与气候框架挂钩等重点领域。

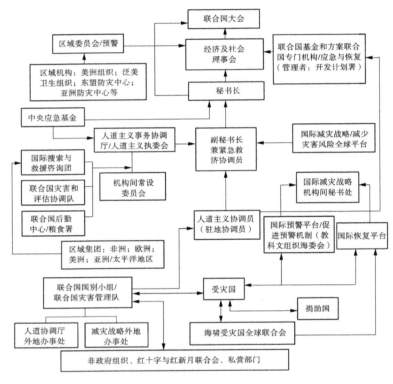

图 3-1 联合国减灾合作运作机制

3.2.2.1 协调人道主义救灾援助

联合国严格遵循人道主义援助指导原则，并在人道主义事务协调厅（OCHA）主导下进行灾情评估、信息收集和传递、呼吁国际社会关注、协调各方联合救援、协调各方制订长期复原计划。以印度洋海啸救援为例，联合国秘书长在收到受灾国申请国际援助请求后，立即任命紧急救灾副协调员玛加丽塔·瓦尔斯特伦作为人道主义援助特别协调员，派往灾区与受灾国政府进行高级别协商以提供国际援助。OCHA 在第一时间派遣 5 个联合国灾害与评估协调小组（UNDC）到受灾国家评估受灾程度与所需援助的详情。OCHA 还在印度尼西亚和斯里兰卡建立人道主义信息协调中心，24 小时不间断工作，协调 16 个联合国机构、18 个红十字与红新月联会救灾小组、35 个国家的军事资源，以及 160 多个国际非政府组织、私营公司、民间社会团体的救灾行动。危机发生两周内，联合国开发计划署向灾区派遣了复原小组，评估灾害情况，支持受害国制订复原计划，并任命美国前总统克林顿担任印度洋海啸复原问题特使及成立"海啸受灾国全球联合会"以促进各国重建。

3.2.2.2 转让知识与技术，加强预警与备灾能力

联合国优先与最不发达国家开展减灾合作，向其转让减灾知识和提供资金技术援助，以增强其预警与备灾能力。一是联合国国家工作队向驻地成员国提供国家评估和发展援助框架指导方针，联合国灾害管理队提供联合呼吁程序、共同人道主义备灾和应灾行动计划；二是国际搜救咨询小组与成员国合作，对国际城市搜救队进行评估与划分；三是世界气象组织与教科文组织政府间海洋学委员会在 ISDR 指导下组成早期国际预警平台，评估全球预警网络的运作能力并向各国提供支持和指导；四是机构间常设委员会紧急电信工作分组致力于促进各国采用紧急电信标准，并鼓励各国加入《为减灾救灾行动提供电信资源的坦佩雷公约》，以改善紧急电信防备。截至 2009 年 5 月，已有 40 个国家批准加入该公约。

3.2.2.3 沟通信息、交流经验

联合国国际减灾战略作为一个全球行动框架，通过机构间秘书处协调联合国各减灾子系统之间的伙伴关系，并通过和各国合作监测其实施《兵库行动纲领》情况、召开减少灾害风险全球平台会议以及区域减灾会议、每年举办一次世界减灾运动等推动减灾最佳做法和经验教训的交流与传播。截至 2009 年 6 月，88

份依据《兵库行动纲领》制定的国家报告已提交，全球平台会议也召开了三届。

3.2.2.4　促进减灾合作和适应气候变化行动与经济发展框架的统一

气候变化正日益导致灾害风险扩大并危及全世界。为此，ISDR 秘书处与《联合国气候变化框架公约》秘书处和附属机构建立了工作关系，参与《京都议定书》的谈判进程，促进减灾框架与气候变化框架的统一，并呼吁成员国在国家经济计划和战略中减少灾害风险同土地用途和住房规划、重要基础设施发展、自然资源管理、培训和教育等政策相联系。

3.2.3　联合国减灾合作未来方向

2015 年 3 月，第三届世界减灾大会召开，187 个成员国通过了《2015—2030 年仙台减轻灾害风险框架》（简称《仙台减灾框架》）。《仙台减灾框架》旨在 2030 年之前有效减轻灾害风险，减少人民生命、生计与健康损失，同时降低个人、企业、社区和国家的经济、物质、社会、文化与环境财产损失。为达到预期效果，187 个国家政府代表团一致同意为实现《仙台减灾框架》的目标而努力——防止形成新的灾害风险，减少现有灾害风险。各国为此开展相应措施，预防和降低灾害暴露度与脆弱性，加强应急和复原准备，提高抗灾能力。《仙台减灾框架》指出，国际减灾合作包括多种来源，是支持发展中国家努力减少灾害风险的关键要素，对发展中国家而言，引入发达国家的减灾知识、理念、技术与技能，实现技术转移十分重要。南北合作，以及作为有益补充的南南合作和三边合作，已证明是减轻灾害风险的重要环节，需要进一步加强这两个领域的合作。

3.3 亚洲开发银行

1992 年，亚洲开发银行发起成立大湄公河次区域经济合作机制（Greater Mekong Sub region Economic Cooperation，简称 GMS），它是在亚洲开发银行（ADB）倡导下成立的次区域经济合作机制，主要侧重交通、能源、电信、环境、旅游、人力资源开发以及贸易与投资等方面的合作，成员国包括中国、柬埔寨、老挝、缅甸、泰国、越南 6 国。GMS 的宗旨是通过加强各成员间的经济联系，消除贫困，促进次区域的经济和社会发展，亚行是 GMS 的发起者、协调者和主要筹资方。

GMS 经过多年来深入发展，已形成领导人会议、部长级会议和各领域务实合作的总体合作架构。GMS 成员间合作领域进一步拓宽，涵盖交通、能源、信息通信、环境、农业、人力资源开发、旅游、经济走廊等，取得了丰硕成果。2013 年 12 月，GMS 第 19 次部长级会议上通过 GMS 区域投资框架（2012—2022，RIF）。2014 年 12 月 19—20 日，GMS 第五次领导人会议在泰国曼谷举行，主题是"致力于实现大湄公河次区域包容、可持续发展"。会议发表领导人宣言，通过 2014—2018 年区域投资框架执行计划（RIF-IP），为次区域进一步加强互联互通描绘出蓝图。

区域技术援助（RETA）有助于提高柬埔寨、老挝、泰国和越南社区的准备、应对和恢复洪水及干旱的负面影响的能力。该项目已经编制了三个独立的投资项目（CAM、LAO、VIE），为每个国家的适当洪水风险管理和干旱风险管理干预提供融资。项目的成果是提高社区和政府准备、应对和恢复洪水和干旱事件的能力。

3.4　东　盟

东盟各国于2005年7月在老挝万象签署了《东盟灾害管理与应急响应协定》（ASEAN Agreement on Disaster Management and Emergency Response，简称AADMER），旨在促使成员国建立国内灾害应急管理标准工作程序，界定了灾害管理合作的目的、范围与合作的原则。2006年东盟地区论坛（ARF）部长会议主席声明中指出，澳大利亚、印度尼西亚、马来西亚、美国与中国自愿承担相关灾害应急合作的协调工作。同年，ARF通过了《灾害管理与应急响应宣言》，确立了应急合作的主要原则，各成员国承诺把突发事件预防、应急响应与救助、能力建设作为三大方向。

3.5　美　国

2009年7月，美国同泰国、柬埔寨、越南、老挝四国外长召开了首届"美国-湄公河下游国家部长会议"，提出了湄公河下游倡议（The Lower Mekong Initiative，简称LMI）合作机制，重点加强环境、健康、教育和基础设施建设等领域的合作。在LMI框架下，美国又牵头组建了"湄公河下游之友"（Friends of the Lower Mekong，简称FLM），把澳大利亚、日本、韩国、新西兰、欧盟、亚洲开发银行和世界银行等国家和国际组织拉进来，以加强湄公河下游地区的发展和援助议程。2012年，缅甸加入LMI。美湄合作的最新进展是2015年4月在老挝巴色举行了FLM扩大会议，8月在吉隆坡举行的第八届LMI部长会批准了更新版的"LMI行动计划"（2016—2020年），决定加强在农业和食品安全、互联互通、教育、能源安全、环境和水、健康等方面的合作。

湄公河下游倡议（LMI）是为回应 2009 年 7 月 23 日在泰国普吉岛的美国国务卿希拉里·克林顿和湄公河下游国家（柬埔寨、老挝、泰国和越南）的外交部部长之间的会议而成立的。部长们同意加强在环境、卫生、教育和基础设施发展等领域的合作。此后，五国力求加强在这些领域的合作，共同利益。缅甸于 2012 年 7 月正式加入。美国将协助制订湄公河地区的环境方案，以应对未来的挑战。这些计划包括开发"湄公河预报"，这是一个预测模型工具，用于说明气候变化及其他挑战对湄公河流域可持续发展的影响。

美国国际开发署的区域环境办公室正在与 LMI 国家合作，制定可持续环境管理的区域办法，加强管理共享水资源的能力。未来五年，美国国际开发署将帮助湄公河将其发展轨迹转向可持续的绿色增长。

湄公河项目环境项目（MPE）指出：湄公河环境合作伙伴关系是一项新的四年计划，将努力推动湄公河下游流域知情的多方利益攸关方对话，区域发展项目的预期社会和环境成本及效益。通过加强基础设施规划和投资方面的利益相关者的技术能力和区域网络，MPE 旨在提高该地区发展项目的社会和环境健全性。MPE 目标包括：增加民间社会影响具有重大预期的社会和环境影响的发展决策的能力；加强多方利益攸关方参与发展决策的区域平台；提高公众获取质量，及时了解发展项目的环境及社会成本和效益。

3.6　日　本

2009 年 10 月，日本和柬埔寨、老挝、缅甸、泰国、越南五国召开首次"日本-湄公河首脑会议"，决定建立"为创造共同繁荣未来的新型伙伴关系"。此后"日本-湄公河首脑会议"每年定期举行，已经形成机制。日本在该框架内单独设立了一个针对柬埔寨、老挝、越南三国的双边援助机制，对三国的贸易、投资和产业开发等进行援助。2012 年 12 月，安倍晋三重任日本首相后，大力推行"价值观外交"，希望与价值观相同的国家携手合作，还希望通过经济援助的方式来改变其他国家的价值观。2015 年 7 月，安倍晋三在第七次"日本-湄公河首脑会议"上表示，将在三年内对湄公河国家提供 7 500 亿日元（约合 374 亿元人民币）的官方发展援助（ODA）。

根据日本政府首脑和湄公河地区国家首脑会议的东京宣言，日本和湄公河地区国家在基础设施建设、促进公-私合作、支持跨区域经济体系发展、应对气候与环境变化、克服脆弱性、加强区域稳定合作等 10 个方面开展广泛的合作。

3.7　印　度

湄公河地区是印度实施东进政策的首站。为构建进入东南亚的陆路通道，印度积极与湄公河国家开展合作。2000 年 10 月，印度与湄公河国家启动了"湄公河-恒河合作倡议"（MGCI），作为印度加速推行东进政策的重要举措，侧重旅游、教育（人力资源开发）、文化、交通等合作，计划修筑连接各国的公路和铁路。2010 年，印度与越南、柬埔寨、泰国、缅甸四国提出了建设"湄公河-印度经济走廊"（Mekong-India Economic Corridor）项目，侧重基础设施建设，提出兴建一条连接印度和湄公河地区的贸易大通道。

3.8 韩 国

2011 年 10 月，韩国与湄公河下游五国在首尔举行了首届 "韩国-湄公河国家外长会议"。会议通过了《关于建立韩国—湄公河全面合作伙伴关系，共同繁荣文明的汉江宣言》，并明确了双边合作的宗旨、原则、优先领域及机制等内容。合作内容包括基础设施、信息科技、绿色环保、水资源保护、农业和农村发展、人力资源开发等领域。同时，会议规定的合作机制包括外长会议和高官会议。

根据协议，韩国向工发组织提供 90 万美元，建立一个信托基金，用于评估和确定 "热点" 并在湄公河的柬埔寨部分转让无害环境技术（TEST）。该项目由大韩民国政府建立的东亚气候伙伴关系资助，使东亚的发展中国家在应对气候变化的同时实现经济增长。这个为期两年的项目将通过引进工发组织的综合方法，改善湄公河水质，减少工业活动的负面影响。在项目过程中，工发组织还将提出减缓措施，包括政策机制和技术解决方案。将实施低成本的技术解决方案，并评估更昂贵的技术解决方案的财务可行性。将分发从该项目获得的经验教训，并评估在邻国复制该项目的可能性。该项目是工发组织推动 "绿色工业" 努力的一部分。

3.9 荷 兰

越南政府早已认识到水作为湄公河三角洲发展的重要自然资源的重要作用。2008 年，国家目标计划响应气候变化（NTP）发布了主要战略目标，以评估气候变化对部门和地区的影响，制订可行的行动计划，以有效应对气候变化短期和长期变化。越南、荷兰在"湄公河三角洲计划"上的合作是核心的任务。

　　"湄公河三角洲计划"的前提是阐述三角洲从现在到 2050 年以及从 2050 年到 2100 年所面临的不确定性和挑战，为农业、工业化提出了明确的长远愿景，作为越南可能采取的有希望的未来战略，以确保三角洲地区的安全、繁荣、经济及环境可持续性和气候保护的未来。

3.10　　湄公河委员会

　　1995 年 4 月，柬埔寨、老挝、泰国、越南四国签署了《湄公河流域可持续发展合作协定》，成立了新湄公河委员会，合作的主要议题是湄公河流域的水和相关资源以及全流域的综合开发和管理。

　　湄公河综合水资源管理项目（M-IWRMP）的三个组成部分之一是 MRC 四个成员国通过跨境合作实施的跨界组成部分。在这个组成部分中，四个国家已经建立了五个双边项目，通过水资源综合管理来解决管理水资源和可持续发展的有关资源的跨界问题以及湄公河流域社区生活水平的提高方法。MRC 的湄公河水资源综合管理项目遵循水资源综合管理方法，旨在以协调一致的方式将 MRC 的原则制度化，主动涉及所有部门以及相关国家当局。

　　这五个双边项目包括柬埔寨洞里萨湖和泰国宋卡湖盆地联合宣传项目，柬埔寨湄公河和西贡河流渔业管理项目，以及老挝邢邦浩的湿地和洪泛区管理项目，泰国的 NamKam 地区项目。在柬埔寨和越南之间，在 Sesan 和 SrepokRivers 的次流域和湄公河三角洲共同实施了两个水资源管理项目。

　　这五个项目于 2013 年年底至 2014 年中期启动，主要通过实地评估和交流访问以及每个试点的其他活动确定共同的重大水资源管理问题。跨界组成部分由世界银行提供资金，由 MRC 秘书处协助。这五个项目是：洞里萨湖和宋卡湖流域沟通外联工程、湄公河流域和沿海河流渔业管理项目、邦海宁和南锦江流域湿地管理项目、Sesan 和 Srepok 流域水资源管理项目、湄公河三角洲水资源管理项目。

3.11　其他微观层面的资助计划

红树林与市场项目（The Mangroves and Markets project，简称 MAM）是由德国资助、荷兰的机构协调、越南执行的一个保护红树林以实现减灾防害的行动。该项目致力于教会农民在可以收获的红树林之间养殖虾，于 2012 年在 CàMau 省的 NgọcHiên 区开始实施，并扩大到 TràVinh 和 BnêTre 省的沿海地区。这个项目由德国政府资助，由 SNV 荷兰发展组织和国际自然保护联盟实施，成为多边合作微观项目的经典实例。

4　澜沧江-湄公河流域开展防灾减灾合作问题的评述与建议

4.1　当前湄公河流域防灾减灾合作的特征

近年来，湄公河地区的多边制度不断涌现，各方搭建的合作机制中，很多都以防灾减灾作为合作的切入点。实际上美、日、韩、印度等国都与湄公河流域国家建立了不同形式的多边机制，甚至彼此之间形成了某种竞争。但是从实际执行与援助力度来看，往往是宣传得多、落地得少。

在推进这些多边合作机制过程中，往往是湄公河下游国家处于相对被动的境况，具体表现为合作的倡议大多是由域外国家提出的，合作的进程主要靠域外国家去推动，而湄公河下游国家则主要是配合与跟进，合作的方案以及背后的资金支持也主要由域外国家提供。

此外，这些合作在防灾减灾领域的依托基础和投入力度也存在明显的差异。比如，澜湄机制以大湄公河次区域经济合作（GMS）为基础，而 GMS 合作已经有着 20 多年的历史，在机制建设和合作成效方面已经有了很好的积累。相比而言，日湄、美湄、韩湄和印湄之间的合作基础和机制化程度基本呈梯次下降趋势。其中的原因比较复杂，但主要跟地缘毗邻、共同问题领域（以及由此产生的共同需求或利益）、政府的重视程度和推进力度等因素有关。这种差异主要表现在域外国家对推进区域合作的意愿或决心，以及可能的投入等方面的不同。日本基于亚洲开发银行，在基建和对口当地援助方面意愿和投入较多；美国则高调宣布各种合作协议，但实际投入有限；韩国是先建立框架，再结合国际组织或其他机制共同协作；印度基本还停留在"表态"阶段，鲜见实际援助动作。

4.2　加强中国在湄公河流域防灾减灾
合作的必要性

在经济全球化背景下，自然灾害的全球性特征日益明显，一些国家发生的特重大自然灾害事件已经发展到跨越国家和跨越区域的程度，超越一个国家应对的能力。比如 2015 年 4 月 25 日尼泊尔发生的地震，不仅对尼泊尔自身造成了重大人员伤亡，还波及中国、印度、孟加拉国、不丹等国家，影响范围非常广泛。虽然减灾救灾作为人类维护自身安全并寻求和谐和可持续发展之路的重要举措，已引起各国政府的高度重视，但要取得实实在在的效果，形成全球各国共御天灾的良好局面，还需要各国在减灾救灾方面进行广泛和深度的合作。因此，无论是从国际人道主义、全球共同发展的主题出发，还是从灾害事件及其影响范围考虑，都决定了减灾救灾必须加强国际合作。

一个国家一个地区的经济发展状况能否具有可持续性，与发展进程中对自然灾害的防范和环境治理密切相关，这一情形已被战后各发展中国家和已实现了工业化国家的发展实践所反复证明。进入 21 世纪以来，各类自然灾害爆发的频率明显上升，强度也不断增大，人类活动受到自然灾害威胁日趋严重。如何采取有效的措施来防灾减灾已成为国际区域经济合作面临的紧迫任务。

首先，加强灾害的防范和治理合作对推进中国与湄公河流域国家关系发展具有重要的战略意义。当前国际形势下，减灾救灾援助已成为国际政治角力的重要领域。在中国跃升为世界第二大经济体的背景下，中国在国际援助领域的每一步行动都受到世界各国的瞩目。2013 年，国家主席习近平在出访中亚和东南亚国家期间，先后提出共建"丝绸之路经济带"和"21 世纪海上丝绸之路"的重大倡议，得到国际社会高度关注。习近平主席提出，国之交在于民相亲，要搞好政策沟通、道路联通、贸易畅通、货币流通，必须得到各国人民的支持，必须加强人民的友好往来，增进相互了解和传统友谊，为开展区域合作奠定坚实的民意基础和社会基础。中国与湄公河流域各国在防灾减灾方面开展合作，正是提升中国国际影响力、赢得当地人民群众理解和尊重的重要机会。目前"一带一路"建设率先取得成果的地方，都是民心相通基础好、政治互信水平高的地区，这也表明，政策沟通、道路联通、贸易畅通、货币流通要想走得好、走得远，需要民心相通，提供良好的社会环境。因此，加强中国在湄公河流域防灾减灾合作力度，就是做好"人心工程"，推动中国与湄公河流域各国的"民心相通"，对促进中国与湄公河流域国家关系发展具有重大意义。

其次，加强灾害的防范和治理合作对推进中国与湄公河流域国家的经济合作具有重要的现实意义。湄公河流域各国都是受到洪涝、台风、干旱等自然灾害严重的地区，尤其在同一流域的区域和海域，人们的生产活动对生态环境的影响往往是跨国性的，自然灾害造成的经济损失呈明显上升趋势，已经成为影响经济发展和社会稳定的重要因素，而且波及的范围广，影响面大。如遇上重大灾害而缺乏应对能力，其损失将会超过以往任何时期。中国与下湄公河国家的区域经济合作必须要考虑如何减少灾害发生、减轻灾害损害后果并提升防灾减灾能力。自然灾害尤其是巨大的自然灾害往往会摧毁多年经济发展与合作的成果，使物质基础毁于一旦，并使建设成就归于原点。我国在国际经济合作投资中，应从以往更多地关注自然资源禀赋、发展基础等静态要素的视角转变到更多地关注灾害发生、市场趋势、产业转移、国别利益博弈等不确定性因素和风险诱发的动态视角。因此，应把防灾减灾提升到应有的战略地位，否则难以推进大战略成就大事业。

4.3 关于中国开展澜沧江–湄公河流域防灾减灾合作的建议

（1）针对特点区域确定灾害类型，建立智库沟通常态化。

我国应加快推动建立"一带一路"国家间的减灾对话与交流平台，并逐步搭建起减轻灾害风险和灾害管理的信息共享平台建设。将空间信息共享和分析作为优先发展领域，形成完善的灾害监测和早期预警能力区域合作体系，构建湄公河流域灾害风险和灾害管理信息共享机制。积极开展相关科技合作、信息交流和人员培训，建立网络沟通平台及统一的信息交换标准，规范灾害信息更新和交流机制。建立区域知识和专家库，编制高水平的减灾合作规划，重点加强应急准备与响应。构建调查评价指标体系、分析评估方法体系和系统建设技术体系，开展灾害风险和减灾能力调查评估，摸清自然灾害常发区、易发区、敏感区、脆弱区和恢复力，建立国际权威的灾害数据库、信息库、知识库和模型库，整合资源和技术手段，提高现势更新能力，编制和动态更新自然灾害风险地图。对于境外投资和建设项目，要提前做好灾害风险评估和处置计划。

可从六国择取若干高端智库，共建澜湄智库网络，轮流在六国召开年度智库网络会议，为澜湄减灾合作建言献策。这既可更深入地了解湄公河国家的立场与需求，又可借助其智库在本国的影响力，进一步传播中国的合作理念。

（2）联合当地科研机构进行联合考察，举办或参与减灾国际会议。

通过相关国际合作，联合各国完善气象、水文、地震、地质、海洋和环境等灾害监测网络，增加监测密度，提高遥感数据获取和应用能力，协助建设卫星遥感灾害监测系统等。

2017年中国-东盟防灾减灾与可持续发展论坛提供了一个较好的思路。此届论坛围绕"加强科技创新，提升防灾减灾水平"的主题展开研讨，来自12个国家和地区及20个境外单位或团体的320多名专家、学者汇聚一堂，共同探讨中国与东盟国家防灾减灾协同合作机制和自然灾害预报预警等议题。以主旨报告与平行分报告相结合、学术沙龙与成果展示相结合，开放式交流与闭门式研讨相结合的形式展开交流研讨。本次论坛为国内外气象水文、地质地震、海洋、生物和生态环境等领域的杰出科学家与企业家搭建了交流合作的平台，探讨如何整合政府、科研院所、企业等多方面的资源，充分发挥民间科技组织的重要作用，开展民间科技创新合作交流。

论坛的举办发挥了四方面的积极意义。一是为国内外气象水文、地质地震、海洋、生物和生态环境等领域杰出科学家与企业家搭建高端合作交流平台，17位中外院士和嘉宾登台做主旨报告，51位相关领域专家、学者进行学术交流讲演，进一步凝聚了加强防灾减灾国际合作的共识。二是开展防灾减灾科技应用与建设、学科前沿与发展、国际合作、气象主题论坛、科技创新与台风灾害应对等议题交流，举办学术沙龙和科技成果交流展，进一步分享了各国防灾减灾的新理念、新技术、新成果。三是与东盟及"一带一路"沿线国家对口单位和组织进行多边会谈会晤，邀请院士专家深入广西职能部门、科研院所和高校考察交流，进一步密切了联系，深化了合作。四是举行闭门圆桌会议，研讨筹备成立中国-东盟防灾减灾科技创新联盟事宜，为中国-东盟今后开展区域间制度化的防灾减灾科技交流合作奠定了基础。

（3）总结现有灾害管理机制，深入研究目标区域跨境重大灾害减灾防灾联动机制。

我国应同流域国发展常规的信息交换，促进经常的减灾信息交流。我国所做的工作同其他沿岸国对我国的期待、诉求相比，仍较为薄弱。由于我国和流域国之间存在的信息障碍，一些并非我国规划建设的水利设施所造成的问题往往被区域外势力利用并歪曲夸大事实。因此，提高工程项目信息透明度、信息共享是消除误解、达成共识的必要前提和基础。我国应同流域各国建立信息平台，各国将本国界内跨国水资源的水文地理信息、项目工程等活动的技术资料经常进行信息交换，开展持续的经济合作，让相关信息有效地走出去，消除隔阂，提前化解冲突。

流域国家的冲突很大程度上源于认识差异和目标分歧。我国同流域国家可以建立共享的水利专家和生态专家智库，通过非正式的论坛开展学术交流，进行联合研究，提供科学正确的决策支持系统，达成共识。良好的信息交流、科研成果共享可以为实现有价值的区域合作和国际合作消除障碍，节约资源，消除或弱化下游沿岸国对于我国公平合理利用水能资源的怀疑和误解。

（4）将减灾合作纳入联合国减灾2015—2030年计划框架。

近年来，减灾救灾国际合作越来越成为现实需求大、利益融合深、道义基点高的领域，各类减灾救灾国际合作机制和平台已成为各国扩大共同利益、巩固睦邻友好的重要平台。这就要求我们必须认真研究我国减灾救灾国际合作在国家总体外交中的定位和宗旨，要从战略上、宏观上进行统筹谋划。在全力做好直接的国际减灾救灾工作的同时，更应注重配合国家整体外交战略，大力拓展防灾减灾领域的深度合作，打好"减灾外交"这张牌。

在新形势下，我国需要在复杂的国际形势下做好国际减灾合作的政策顶层设计和战略定位，让减灾合作服务于国家的外交大局。将澜沧江-湄公河流域的减灾合作与国家"一带一路"重要战略相结合，与联合国国际减灾战略、联合国开发计划署、联合国难民署等国际机构深度合作，充分发挥亚太经合组织、上海合作组织、东盟以及世界减灾大会、亚洲减灾大会等已有框架的作用，促使减灾救灾成为中国与澜沧江-湄公河流域国家国际合作中重要战略支撑点。

"一带一路"的重大战略构想，既为沿线国家加强互利合作、实现共同发展、促进共同繁荣提供了前所未有的机遇，也为沿线国家开展国际减灾合作提供了宝贵的历史机遇。我国在加强与湄公河流域各国的减灾实践中，需要注重与"一带一路"战略的实施相协调与配合，通过防灾减灾方面的合作为该战略的实施提供基础性作用和保障性功能。

(5)建立澜沧江-湄公河流域自然灾害数据库，为防灾减灾合作提供数据基础。

目前，减灾救灾作为人类维护自身安全并寻求和谐和可持续发展之路的重要举措，已引起各国政府的高度重视，但要取得实实在在的效果，还需要各国在减灾救灾的各个方面进行广泛和深度的研究。因此，要做好澜沧江-湄公河流域的减灾合作，必须要求我们首先了解和把握有关国家和地区的减灾救灾需求，切实做到有的放矢。由于湄公河流域辐射范围较广，全域内地形、生态等自然要素差异显著，自然灾害类型多样，因此需要综合考虑全域各类自然灾害时空分布规律，统筹协调资金、技术、政策；统筹协调和完善管理机制，研究和制定综合防灾减灾战略，明确战略目标、重点任务、行动计划。

面向"一带一路"灾害信息服务需求，融合应用空间信息技术和现代信息技术，逐步建立健全灾害空间信息基础设施和灾害系统多尺度动态时空数据库，构建综合减灾空间信息服务平台，加强空间信息更广泛全面的互联互通和获取、管理、分析、共享能力，完善自然灾害全天候、全天时、多尺度和全球视野的立体监测体系，基于空间、时间维度和可视化环境提供灾害监测预警和损失评估分析工具，基于互联网及移动终端开展防灾减灾位置服务、数据服务、信息服务和专题服务，为"一带一路"各项建设任务开展和经济社会发展提供信息交流、技术支持和决策服务。同时，为不断提高综合减灾空间信息服务平台的应用规模和水平，除灾害管理部门和社会公众外，需要先期选择金融、保险等行业和核电、高铁、基建等产业以及路网、电网、管网等开展应用服务示范，甚至选择一些国家和地区开展区域减灾、城市（群）减灾、社区减灾等综合应用示范，与相关系统逐步实现数据共享、应用协同和服务融合，探索政府、企业和国际机构广泛合作伙伴关系，创新商业化、市场化应用服务模式，提升综合减灾空间信息服务能力和影响力。

自然灾害数据库首先应包含基于流域水利数据的管理系统，这是开展水资源综合管理的基础；其次，还应该将各区域的各种空间数据和属性数据（如地形、地质、区域社会经济发展水平、水利工程现状等信息）集成为统一的数据库管理系统，为开展精准减灾合作提供充分的数据支持和现实保障；最后，数据库还应收录减灾合作的经典案例并形成专题案例库，一方面充分借鉴和吸收一些发达国家好的经验和技术成果，另一方面总结我国的对外减灾合作理论与实践经验。

（6）加强灾害及其风险管理的经验共享和机制建设。

从发展实践来看，在未来一定时期内湄公河次区域的水资源开发管理仍将以单个国家的开发项目为主要形式，但是流域内的防灾减灾建设则将出现多国合作的趋势。

我国应加快推动建立"一带一路"国家间的减灾对话与交流平台，并逐步搭建起减轻灾害风险和灾害管理的信息共享平台建设。将空间信息共享和分析作为优先发展领域，形成完善的灾害监测和早期预警能力区域合作体系，构建湄公河流域灾害风险和灾害管理信息共享机制。积极开展相关科技合作、信息交流和人员培训，建立网络沟通平台及统一的信息交换标准，规范灾害信息更新和交流机制。建立区域知识和专家库，编制高水平的减灾合作规划，重点加强应急准备与响应。

（7）设立非政府组织和私营机构减灾合作协调办公室，促进非政府组织和私营机构在当地开展减灾国际合作。

我国以往的减灾合作侧重于政府路线，这种形式在合作的初期对推进效率有很大的意义。伴随我国与外方合作的深入，如何处理好与当地居民的关系以及如何应对竞争对手方面，我们需要总结相关经验与教训。

积极鼓励民营资本参与投资，努力拓展投资渠道，是有效规避我国在大规模基础设施建设投资风险的一个有效途径。目前，大湄公河次区域的项目投资主要来源于亚洲开发银行以及政府开发援助，非政府组织和企业的参与仍然非常有限，投资规模远远小于经济发展需求。因此，应大力吸引私人投资，努力拓展投资渠道，特别是充分调动私营企业参与大湄公河次区域基础设施投资的积极性，这不但可以规避国家投资的风险，而且可以促进国内企业对外直接投资的增长。

以德国在湄公河流域的援助经验为例，非政府组织可在当地以更加微观的形式进行深度减灾合作，在运营得当的情况下往往能用较少的资金收获较大的当地社会支持。因此，培养和扶持一批具备国际减灾合作能力的非政府组织将为我国减灾国际合作提供有利的侧翼支持，澜沧江-湄公河流域的减灾国际合作，也需要发挥这些机构和组织的作用。在新形势下，我国应更加注重发挥非政府组织和私营机构在减灾国际合作中的重要作用，鼓励与支持企业与私营机构参与减灾救灾。

（8）加大对湄公河国家的民生帮扶和援助宣传力度。

加大对湄公河国家的民生帮扶和援助宣传力度。中国可在老挝、缅甸、柬埔寨等国开展教育、卫生、减贫、环保等社会公益活动，使其民众更好地分享中国发展的成果。同时也要重塑中资企业的国际形象，实施"本土化"战略，恪守与尊重东道国法律法规和民俗文化，进一步提高商品和项目质量，积极履行企业社会责任。

（9）针对湄公河流域减灾防灾公务人员开展联合演练和专项培训。

参考中国、老挝、缅甸、泰国四国缉毒合作的现有机制成果，比如执法人员在老挝孟莫联络点进行水上联合搜救工作研讨；定期举办毒品稽查、情报收集、船艇驾驶、水上执法等内容的培训班；四国执法船艇编队还多次开展联合巡逻、联合查缉、联合演练等行动，交流执法经验、培养执法默契，共同提升应对流域复杂治安形势及处置突发情况的能力等。我国在湄公河流域开展减灾合作时也应针对公务人员开展联合演练和专项培训。广泛借鉴我国在对外合作中的经验成果，学习索马里"国际建议交通走廊"的成功经验，以更开放的姿态建立更加紧密的合作关系，在澜沧江-湄公河流域建立减灾合作常态合作机制。

（10）适度利用国际力量参与湄公河流域的减灾防灾。

目前，湄公河委员会在国际组织、流域外国家等多种行为主体参与下，过于依赖流域外的势力或资金，有可能会使流域发展偏离本地区跨国水资源开发利用的主要目标和方向，甚至阻碍流域国和该区域的发展。在湄公河流域的灾害管理经验中，可以看到流域外国家和国际组织的参与使大湄公河流域国家的灾害管理变得更加复杂。湄公河委员会摇摆在捐赠者的意愿和成员国的发展政策之间，难以平衡协调，成为影响湄委会未来有效性发展的一个重要因素，湄公河流域国家必须增强流域开发的独立性和自主权，引导国际财团、捐赠国、多边银行重点资助或贷款给从流域整体利益考虑的双边或多边联合项目。

我国在对外支持防灾减灾项目中利用国际资金相对来说少得

多。宏观上,我国应加强利用国际力量,处理好适度独立和利用国际资金、国际力量的关系,发展我国对外援助与国际组织的合作。灾害管理领域的澜湄合作既符合流域的可持续发展要求,又符合沿岸人民社会、经济发展的愿望。我国作为区域内大国,应逐步推进建立覆盖全流域的跨国灾害管理机制,促进区域的经济社会发展,以水资源合作、防灾减灾合作为纽带推动流域国在经济、贸易、能源、环境、交通等多领域的全方位合作。

我国应积极争取获得国际开发组织、亚洲开发银行等国际性组织融资,为我国对外防灾减灾合作项目引入资金伙伴。我国在参与大湄公河次区域合作开发时,在不损害国家主权和利益的前提下,应增加规划项目的透明度,公布项目开发的战略性目标,争取国际组织和流域内其他国家对我国援助项目的理解与支持。我国应提高自身援助项目的实施水平,适时建立澜沧江-湄公河流域减灾救灾基金,并寻求世界银行等机构资金支持。

参 考 文 献

［1］楚问.合作在"南方"——中国与东盟和南亚国家的减灾合作［J］.中国减灾，2015（17）：38-41.

［2］王德迅.泰国灾害管理体制研究［J］.东南亚纵横，2014（9）：28-32.

［3］上海国际问题研究院.中国与老挝发展合作的评估与展望［R］.上海：上海国际问题研究院，2016.

［4］周士新.东盟灾害救援评析：机制、实践与前景［J］.东南亚研究，2015（6）：19-28.